二维碳基材料的结构预测与电声特性

孔攀龙 著

北京邮电大学出版社
www.buptpress.com

内容简介

本书以二维碳基化合物为核心,结合粒子群优化算法与第一性原理计算,聚焦于结构预测与电声输运特性的理论研究,旨在为纳米电子器件开发提供创新材料方案。

全书共6章。第1章综述二维材料的背景和电声输运特性,强调理论预测对突破实验瓶颈的重要性。第2章系统阐释密度泛函理论、晶体结构预测算法及超导计算框架,以此奠定全书的理论基础。第3~5章分别针对三类典型二维碳基化合物体系展开研究。二元碳硒化合物:预测了3种稳定结构,揭示其狄拉克锥与范霍夫奇点共存的能带特性,发现结构的本征超导性及应变诱导下的拓扑态转变。三元硅—硼—碳体系:理论预测获得了3种类石墨烯结构,并通过计算验证了结构具有较高的热导率和超导性。金属插层二维硼碳材料:从不同金属插层硼碳单层中筛选出多个稳定二维模型,并探究了结构的超导输运性质,揭示了电负性与声子软化对超导机制的调控规律。第6章为本书的结论与展望。

本书通过多尺度理论模拟,阐明二维碳基材料的电子能带调控、声子输运优化及超导增强策略,为新型纳米电子器件的设计与实验合成提供了重要的理论支撑。此外,本书不仅拓展了二维材料的研究边界,也为高温超导、量子计算等领域开辟了新的研究方向。

图书在版编目(CIP)数据

二维碳基材料的结构预测与电声特性 / 孔攀龙著.
北京:北京邮电大学出版社,2025. - - ISBN 978-7-5635-7527-5
Ⅰ. TB332
中国国家版本馆 CIP 数据核字第 20253SC775 号

责任编辑:王晓丹 廖国军	责任校对:张会良 封面设计:七星博纳

出版发行:北京邮电大学出版社
社　　址:北京市海淀区西土城路10号
邮政编码:100876
发 行 部:电话:010-62282185　传真:010-62283578
E-mail:publish@bupt.edu.cn
经　　销:各地新华书店
印　　刷:保定市中画美凯印刷有限公司
开　　本:787 mm×1 092 mm　1/16
印　　张:8.25
字　　数:166千字
版　　次:2025年5月第1版
印　　次:2025年5月第1次印刷

ISBN 978-7-5635-7527-5　　　　　　　　　　　　　　　　　定价:59.00元

· 如有印装质量问题,请与北京邮电大学出版社发行部联系 ·

前　言

  2004 年,石墨烯的成功剥离和表征标志着二维材料研究的开端,并激发了科研工作者对各种二维材料的研究热情。特别是二维碳基化合物材料,因其碳原子易构成类石墨烯的蜂窝状结构,这些材料具有与石墨烯近似的二维晶体结构特征和电声输运特性,成为近年来二维材料领域研究中的热点。其中包括石墨烯衍生物、碳化硅、碳氮化合物和金属碳化物等。这些材料具有各自独特的性质,如独立可调控的电子能带结构、高电导率、优异的光学吸收和发射性能以及机械强度等。因此,它们在电子器件、光电器件、传感器、储能材料和催化剂等领域具有广泛的应用前景。二维碳基材料的研究领域充满活力,其潜在应用领域的广泛使得探索新型二维碳基材料成为材料开发的重要课题。然而,由于实验开发新型材料周期长、成本高等诸多因素的限制,从理论设计出发预测新型二维碳基材料显得尤为必要。众所周知,物质的结构决定其性质,探究物质结构中固有的物理化学特性对材料的应用至关重要,而结构中电子输运和声子输运对材料性质具有决定性影响。鉴于此,本书的研究主要聚焦于新型二维碳基化合物的结构预测及其电声输运特性的理论研究,旨在深入探索新型二维碳基材料及其在纳米电子器件方面的潜在特性和应用,为后续相关实验的研究和实际应用提供有价值的理论支持。本书的主要内容如下。

  首先,预测了基于碳和硒的二元二维富碳硒化物单层结构。采用粒子群结构搜索技术和第一性原理计算方法,探索了不同晶胞尺寸和褶皱厚度的 C_xSe（x 为 1～6 的整数）二维晶体结构。通过这一方法,成功地得到了文献中已经报道过的 $P3m1$ 空间群的碳硒结构,进一步证明了该方法的有效性和可靠性。此外,首次预测得到了三种未曾报道的低能量的稳定结构（C_4Se、C_5Se 和 C_6Se）,并通过声子色散曲线和分子动力学模拟验证了它们的动力学稳定性和热稳定性。从电子结构分析可知,C_4Se 和 C_5Se 都具有狄拉克锥-范霍夫奇点共存的能带结构特征,类似于 Lieb 晶格和扭曲石墨烯结构中的电子能带,这种特征有利于诱导超导态的产生。进一步的电声耦合模拟计算表明,C_4Se 单层表现出本征超导态,且超导临界温度最高可以达到 11.6 K;C_5Se 单层则呈现出零带隙半金属态,然而,通过 p 型空穴掺杂调控手段可以实现从半金属态到金属超导态的转变,其超导临界温度最高可达 11.2 K。除此之外,通过应力压缩 C_6Se 单层结构发现,压缩应变可诱导 C_6Se 结

1

构产生非平庸拓扑态的优异特性。这些研究数据表明，二维二元碳基材料碳硒化物具有丰富的电声输运特性与物态，为二元碳基材料理论研究提供了重要数据支撑和理论指导。

其次，提出并预测了典型的三元碳基体系 Si—B—C。通过结构搜索技术和第一性原理计算，预测了该体系不同组分的二维 $SiBC_x$、SiB_yC 和 Si_zBC（x，y，z 为 1～6 的整数）结构，首次发现了三个新型 Si—B—C 类石墨烯稳定结构：$SiBC_4$（空间群为 P-6）、$SiBC_6$（空间群为 $Pmm2$）和 SiB_4C（空间群为 $Pmm2$）。它们有一个显著的特点，就是都具有平面的构型，这种构型不仅有利于离子的快速传递，而且由于其与现有底物的相容性较高，也有利于实验合成。同时，这三个结构的声子色散曲线都没有出现虚频，说明它们都是动力学稳定的。通过分子动力学模拟验证了 $SiBC_4$、$SiBC_6$ 和 SiB_4C 单层分别在 300 K、600 K、900 K、1 200 K 和 1 500 K 条件下的热稳定性，结果表明，这三个结构在 1 500 K 高温条件下的能量曲线和温度曲线仍然能保持相对稳定，即它们都具有出色的热力学稳定性。此外，还验证了 $SiBC_4$、$SiBC_6$ 和 SiB_4C 单层结构均满足力学稳定性标准。这三个结构的电子性质显示它们的能带都跨越了费米能级，表现出金属特性。利用玻尔兹曼输运理论和紧束缚模型，计算了这三个结构中的电子/声子热导率。结果表明，它们具有优异的热输运性质，其热导率分别可达到 240 W/(m·K)、154 W/(m·K) 和 98 W/(m·K)，超过了大部分常规的二维材料。此外，利用 DFT-Allen-McMillan-Dynes 方法，理论计算并分析了这三个结构潜在超导特性。分析结果表明，SiB_4C 结构具有本征超导特性且超导临界温度可达 12.2 K。这些研究成果为探索新型二维材料和热输运材料提供了三元碳基化合物样本和理论数据支撑。

最后，针对典型已知的二维碳基化合物硼碳单层结构，通过不同类型金属原子插层，获得了若干新型稳定结构 M—B_2C_2，并对其电子性质和超导特性进行了系统性研究。为了充分了解不同结构金属原子对材料结构性质的影响，本书选用了不同类型金属元素（碱金属、碱土金属、过渡金属以及镧系金属）插层硼碳结构构型，最终确定了 15 种稳定的构型，并比较了它们与电子性质和电声耦合相关的超导特性。计算结果表明，碱金属和碱土金属元素插层硼碳结构的超导临界温度普遍高于过渡金属插层硼碳结构，其中 K—B_2C_2 体系具有 53.39 K 的最高超导临界温度，这个数值远超了目前大部分二维材料。进一步分析可以发现，K—B_2C_2 体系的高超导临界温度主要源于 K 原子的电负性最小，使得其在与硼碳结构形成层状材料时更容易失去电子，同时声子色散在低频区域出现了声子软化现象，增强了体系的电声耦合作用。此外，通过分析 15 种 M—B_2C_2 体系的超导临界温度的变化趋势，发现该数值与不同金属原子的外层电子排布规律呈现出有趣的对应关系。该研究加深了对于金属插层二维硼碳体系超导电性的认知与理解，为二维材料电声输运的调控提供了理论指导。

综上所述,本书着眼于二维碳基材料在纳米输运电子器件领域的设计,聚焦于二维碳基化合物结构预测及其电声输运特性研究。通过对典型二元、三元碳基结构预测或性能调控,探究了材料本身的电子、声子输运性质,进而推动新型碳基材料的开发和应用,并为纳米电子器件带来新原材料。

目　　录

第1章　二维材料导论 ·· 1

 1.1　二维材料的背景 ··· 1

  1.1.1　二维材料的兴起与现状 ·· 1

  1.1.2　二维碳基材料的重要性 ·· 7

  1.1.3　二维材料的结构预测 ··· 8

 1.2　二维材料的电声输运性质 ··· 15

  1.2.1　超导性质 ·· 15

  1.2.2　热传导性质 ·· 19

  1.2.3　拓扑性质 ·· 20

 1.3　本书的主要内容与目的 ··· 21

第2章　理论方法 ·· 23

 2.1　密度泛函理论 ··· 23

  2.1.1　薛定谔方程 ·· 23

  2.1.2　Born-Oppenheimer 近似 ······································· 23

  2.1.3　Hobenberg-Kohn 理论 ·· 24

  2.1.4　Kohn-Sham 方程 ·· 26

  2.1.5　交换关联泛函 ··· 27

  2.1.6　密度泛函微扰理论 ·· 29

 2.2　晶体结构预测 ··· 31

  2.2.1　结构搜索算法 ··· 31

  2.2.2　CALYPSO ··· 32

 2.3　超导理论与计算 ·· 33

  2.3.1　BCS 理论 ·· 34

  2.3.2 计算方法 ··· 35
2.4 Wannier 函数 ·· 38
2.5 Boltzmann 输运方程 ·· 39
  2.5.1 电子热导率 ··· 39
  2.5.2 声子热导率 ··· 40
2.6 第一性原理计算软件包简介 ·· 40

第 3 章 二元碳硒材料 ·· 42

3.1 引言 ··· 42
3.2 计算细节 ··· 44
  3.2.1 结构搜索 ··· 44
  3.2.2 密度泛函理论计算 ··· 44
3.3 结果与讨论 ··· 45
  3.3.1 晶体结构 ··· 45
  3.3.2 结构稳定性 ··· 46
  3.3.3 电子性质 ··· 49
  3.3.4 超导特性 ··· 52
  3.3.5 拓扑特性 ··· 55
3.4 本章小结 ··· 58

第 4 章 三元硅—硼—碳材料 ·· 59

4.1 引言 ··· 59
4.2 计算细节 ··· 60
  4.2.1 结构预测 ··· 60
  4.2.2 密度泛函理论计算 ··· 61
4.3 结果与讨论 ··· 62
  4.3.1 晶体结构 ··· 62
  4.3.2 结构稳定性 ··· 63
  4.3.3 电子特性 ··· 67
  4.3.4 热输运特性 ··· 69
  4.3.5 超导特性 ··· 71
4.4 本章小结 ··· 73

第 5 章　金属插层二维硼碳材料 ······ 75

5.1　引言 ······ 75
5.2　计算细节 ······ 77
5.3　结果与讨论 ······ 77
5.3.1　晶体结构 ······ 77
5.3.2　电子性质 ······ 80
5.3.3　超导特性 ······ 83
5.4　本章小结 ······ 87

第 6 章　结论与展望 ······ 88

6.1　总结 ······ 88
6.2　展望 ······ 89

参考文献 ······ 90

第1章 二维材料导论

在二十世纪六十年代,著名的物理学家理查德·费曼在一场名为"微观世界有无垠的空间"的演讲中提出单个原子和分子能够被独立操作和控制的设想后[1],关于纳米科学和纳米技术的思想和概念就应运而生。随后,纳米科技对社会的经济发展、科学技术和人类生活方面产生了巨大的影响。二维材料是目前公认的具有片状形态的纳米材料,其水平尺寸从几百纳米到几十微米,甚至更大,但厚度仅为单个或几个原子层[2]。不同于零维、一维和三维材料,二维材料因其大的比表面积和易调控性结构特征而拥有广泛的应用前景,这些结构特征赋予了二维材料多种非常规的性质,包括物理性质、化学性质、光学性质、电子性质和磁性性质等,这些性质使得二维材料在电子学、光电子学、传感器技术、柔性器件等领域中备受关注。除此之外,二维材料还表现出其他许多独特的性质,例如,超导性、热电效应、自旋极化等,这些性质使得二维材料在能源、信息传输、量子计算等领域具有重要应用价值。因此,利用二维材料的独特结构特征,开展新型二维材料的设计和深入研究其内在性质对推动二维材料领域的进展和应用具有重要意义。未来,二维材料的研究和应用依旧是材料科学和纳米技术领域的热点,给人类社会的经济、科技和生活带来更多的创新。

1.1 二维材料的背景

1.1.1 二维材料的兴起与现状

二维材料是一种新兴的纳米材料,其特点是原子只在两个维度上自由排列,呈片状结构。针对二维材料的研究可以追溯到二十世纪三十年代左右,当时德国物理学家佩尔斯(Peierls)和苏联物理学家朗道(Landau)在理论方面认为,由于严格意义上的二维原子晶体材料因热力学不稳定性而不可能真正存在[3-4]。在他们的理论研究中表明,低维晶体材料在任意有限温度环境下不均匀的热涨落所引起的原子位移将大于原子间初始的间距，是其结构无法稳定存在的原因。这一论点在 1968 年被 Mermin 所证实[5]。事实上，根据纳米微粒的物理特性可知，薄膜的熔点会随着厚度的减小而快速降低，当薄膜的厚度减小至几个单原子层的厚度时，其结构就会彻底的分解[6]。正是由于这样的原因，单原子层的二维晶体结构一直被认为只能堆叠在一起形成三维晶体结构时才能够稳定存在。

然而，这个论点在 2004 年被来自英国曼彻斯特大学的物理学家康斯坦丁·诺沃肖洛夫(Konstantin Novoselov)和安德烈·海姆(Andre Geim)彻底打破，他们通过机械剥离法从石墨中剥离出了单层的二维结构——石墨烯[7]。这一突破性发现开创了二维单层材料能够在实验中稳定存在的先河，为后续在理论和实验上研究新型二维材料奠定了基础，他们也因此共同获得了 2010 年的诺贝尔奖。事实上，单原子层厚度的二维晶体能够稳定存在与之前的理论研究结果并不矛盾，这是由于其非常小的尺寸和强大的原子间化学键，使它们能够在高温下保持结构的完整性，从而确保不会发生位错或有其他缺陷的形成。此外，实验结果表明，单层石墨烯能够稳定存在也归结于其在纳米级别上的微观构型，通过在另一个维度上引入褶皱或变形，可以增加结构的稳定性，这种变形可能有助于消除表面能的影响，进而使晶体更加稳定[8]。

如图 1-1(a)所示，石墨烯是由六个碳原子组成封闭六边形的蜂窝状结构，每个碳原子与其相邻的三个碳原子相连，且碳—碳之间以 sp^2 杂化形式构成了三个强 σ 共价键，使其具有完美的二维晶体结构特征，图 1-1(b)给出了石墨烯在电子显微镜下的结构形态。众所周知，石墨具有柔软的特性，这是因为在石墨结构中层与层之间存在弱 π 键作用，所以它们之间滑动起来比较容易。然而，当石墨分离成为石墨烯后，由于平面方向上存在三个强的 σ 键，其具有高机械强度和高弹性的特性[13]。除了结构特征，石墨烯还具有独特的电子结构特性和新奇的物理性质。由图 1-1(c)可知，其在费米面附近呈现出狄拉克锥结构，这一奇异的电子结构特性表明了石墨烯是半金属。独特的能带结构决定了石墨烯的物理性质，如常温下石墨烯的电子迁移率能够超过 15 000 cm^2/(V·S)[10]，如图 1-1(d)所示，大于硅晶体或者碳纳米管，但它的电阻率比银和铜低，只有 10^{-6} Ω·cm。同时，石墨烯还具有优异的导热性能，如图 1-1(e)所示，有研究表明，无缺陷的纯石墨烯的导热系数可以超过 5 000 W/(m·K)，远大于普通碳纳米管的 3 000 W/(m·K)以及具有相对较高热导系数的铜、银、铝和金等[14]。除此之外，石墨烯在室温条件下还可以表现出量子霍尔效应[14]，如图 1-1(f)所示，而当温度达到 4 K 以下时，石墨烯又可以表现出半整数量子霍尔效应[15]。

彩图 1-1

 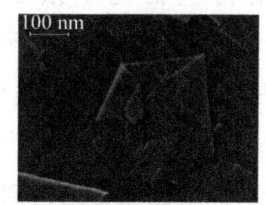 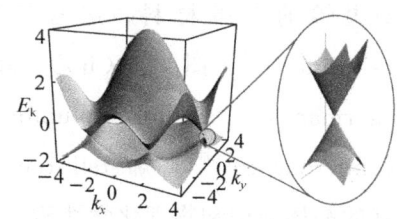

(a) 石墨烯的晶体结构　　(b) 电子显微镜下的石墨烯薄片　　(c) 石墨烯的三维能带结构示意图[9]

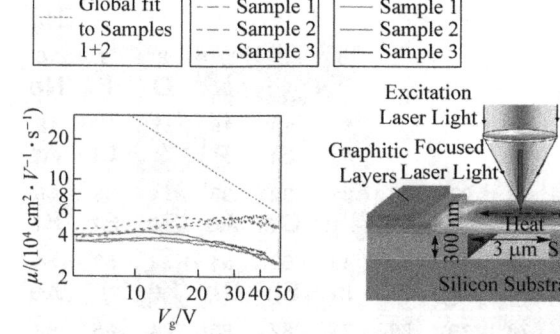 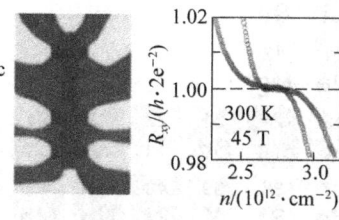

(d) 实验上在室温下对石墨烯迁移率测量值[10]　　(e) 单层石墨烯导热性测量示意图[11]　　(f) 石墨烯中的室温量子霍尔效应[12]

图 1-1　石墨烯的微观结构和相关特性

石墨烯的发现不仅激发了广大科研工作者对二维材料探索的极大兴趣,而且扩大了二维材料的应用前景。然而,石墨烯的零带隙特征限制了它在场效应晶体管方面的应用,小的电流开关比使其不能够达到室温下逻辑电路的要求[16],因此只能通过其他方式对其进行调控以满足实际需求,常用的调控手段包括掺杂[17]、应力应变[18]、缺陷[19]和堆叠[20]等。基于这样的原因,科研工作者开始寻求其他二维材料来弥补石墨烯的缺点以求获得具有更好特性和前景的二维材料来满足人们的应用需求。常见的二维材料的元素组成和分类如图 1-2 所示,根据元素组分的不同可以将二维材料大致分为五类:类石墨烯单层结构(Xenes)、二维过渡金属硫化物(TMDs)、二维氮化物、MXenes 化合物以及有机二维材料。部分二维材料的几何结构如图 1-3 所示。

1. 类石墨烯单层结构

在石墨烯被成功制备出之后,人们首先想到的就是探索其他由单质元素构成的类似于石墨烯结构的二维材料,并将其命名为 X 烯(Xenes),其中 X 主要代表第四和第五主族元素,同时也有少数可以形成稳定二维结构的第三和第六主族元素。近二十年来,随着理论和实验的共同发展,目前已经通过理论和实验分别预测和制备出了若干新型的单质元素类石墨烯的二维材料。这些二维结构包括但不限于：硼烯（boronene）[21-22]、硅烯（silicene）[23]〔图 1-3（b）〕、磷烯（phosphorene）[24-25]、铝烯（alunene）[26-27]、锗烯（germanene）[28]、铅烯（plumbene）[29]、砷烯（arsenene）[30]、锡烯（stanene）[31]、锑烯（antimonene）[30]、碲烯（tellurene）[32]、铋烯（bismuthene）[33]等。这些二维材料展现了丰富的晶体结构和物理化学性质，具有从纯平面原子结构到褶皱晶体结构，涵盖了超导体、金属、半金属、半导体和绝缘体等类型。

图 1-2　元素周期表中常见的二维材料元素组成和分类

彩图 1-2

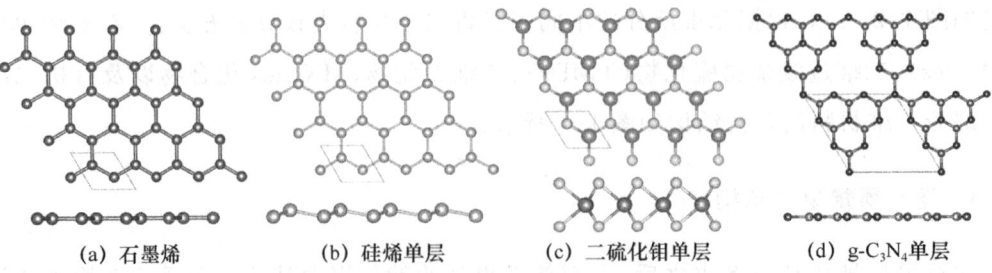

(a) 石墨烯　　(b) 硅烯单层　　(c) 二硫化钼单层　　(d) g-C$_3$N$_4$单层

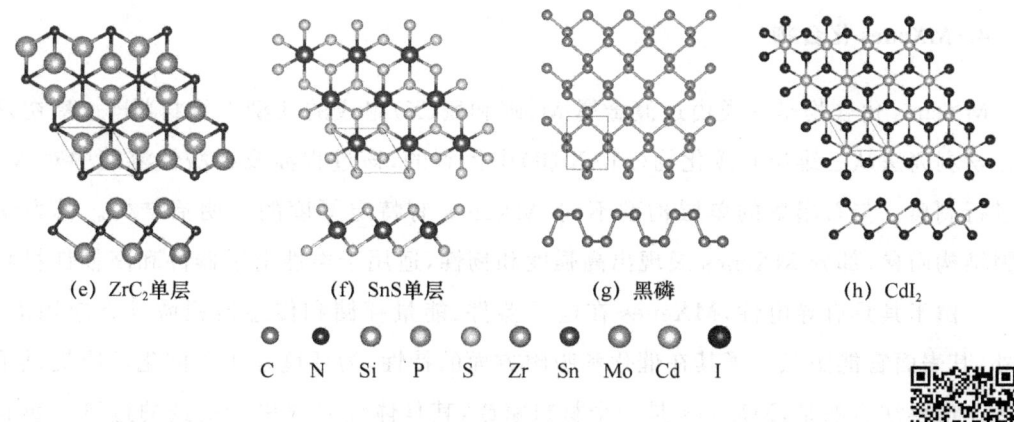

(e) ZrC$_2$单层　　(f) SnS单层　　(g) 黑磷　　(h) CdI$_2$

C　N　Si　P　S　Zr　Sn　Mo　Cd　I

图 1-3　部分二维材料的晶体结构（俯视图和侧视图）

彩图 1-3

2. 二维过渡金属硫化物

二维过渡金属硫化物是一类由钛、锰、钼等过渡金属和硫、硒、碲等硫族元素组成的材料，其晶格结构呈层状，每一层由过渡金属离子和硫族非金属离子组成，厚度通常仅为几个原子层[34]，如图 1-3(c)所示。由于层间相互作用较弱，可以通过机械剥离或溶剂剥离等方法获得单层或多层的薄片。二维过渡金属硫化物的主要特点包括随着材料厚度的变化，其能带结构会发生相应的变化，进而调控其光学和电子性质；部分二维过渡金属硫化物在单层状态下展现出显著的光吸收特性，为光电子器件提供了应用潜力；拥有高的载流子迁移率，对于制备高性能的晶体管等电子器件至关重要；某些二维过渡金属硫化物显示出特殊的磁性行为，为磁学和自旋电子学的应用提供了可能性；通过化学修饰、厚度调控或外加电场等手段，可以有效地调控其性质，进而满足特定应用需求。总的来说，二维过渡金属硫化物作为材料科学中的一个热点领域，其因独特的性质和广泛的应用潜力，具有重要的研究和应用价值。

3. 二维氮化物

二维氮化物是由氮和其他金属元素组成的材料，其结构特点是非常薄，通常仅为几个原子层的厚度[35-36]。此外，它具有平面和褶皱多种晶格结构，这使它成为材料科学和纳米技术领域的研究热点，也赋予了二维氮化物独特的电子、光学和机械性质。控制金属元素的种类和氮原子的排列可以调节其性质，使其表现为导体、半导体，甚至具有磁性行为，为电子器件和自旋电子学提供了应用潜力。作为新型的二维材料，二维氮化物因其独特性质和广泛的应用潜力，已经成为材料研究和应用开发的焦点。目前，科研工作者正积极探索这些材料的性质、制备方法及其在各种应用中的潜在价值。

4. MXenes 化合物

MXenes 化合物是一类由过渡金属 M、碳和氮(X)组成的新型二维材料[37],最初是通过化学剥离法从三维层状碳化物(MAX 相)中得到的,该过程涉及在酸性溶液中对 MAX 相进行剥离。与石墨烯的单层构型不同,MXenes 有特定厚度的三明治结构。其力学性能因结构而异,部分 MXenes 展现出高强度和韧性,适用于柔性电子器件和高韧性材料的制备。由于其具有导电性,MXenes 在电子器件、能量存储和传感器领域具有应用潜力。此外,其表面官能团赋予了其在催化和吸附方面的特性,为环境净化和催化反应提供了可能性。值得注意的是,MXenes 是一个材料家族,其具体性质取决于所选的过渡金属和官能团,因此不同的 MXenes 拥有不同的性能。当前,科研工作者正在探索 MXenes 的性质、制备技术及其在各种领域的应用潜力。

5. 有机二维材料

有机二维材料是一类由多个配体以独特的配位方式构建的多孔配位体系,根据配体的不同可以大致将有机二维材料分为两类:金属-有机框架(Metal-organic Frameworks, MOFs)材料和共价有机框架(Covalent Organic Frameworks, COFs)材料。前者是由无机金属离子或团簇与有机配体组装形成的结晶性多孔材料,而后者是通过有机前驱体之间的反应形成二维或三维结构的材料,产生强大的共价键,从而提供多孔、稳定和结晶的材料。近年来,有机二维材料因其具有重量轻、柔韧性好、结构可调、适应性强等特殊性能引起了人们的关注[38-41]。然而,到目前为止,关于有机二维材料的研究仍集中在合成方法、结构表征及其潜在性能等方面,缺乏简单易行的方法来一次性合成大量的有机二维材料,因此,它们不能像传统的一维和三维聚合物那样快速发展,导致有机二维结构的具体性质不能得到充分的挖掘和利用。未来的研究需要关注系统、高效、通用的二维有机材料的制备方法,从而加快二维有机材料的开发和利用[42]。

6. 其他二维材料

除了以上介绍的五大类二维材料,在实验和理论上发现了大量其他类型的二维材料,如六方氮化硼[43]、TiS_3[44]、$InSe$[45]、CrI_3[46]等多种二维结构,它们都有着各自独特的晶体结构和电子性能。单层六方氮化硼具有优异的动力学和热力学稳定性,以及可调的电子性质和独特的光电特性;TiS_3单层有 1.0 eV 的直接带隙,其电子迁移率高达 10 000 $cm^2/(V \cdot s)$;InSe 单层内可同时观测到高迁移率、量子霍尔效应和反常光响应;CrI_3单层具备垂直于面的本征铁磁性。

总体来说，二维材料研究已经取得了显著的进展，这不仅丰富了对材料科学的认识，还为解决多个领域的实际问题提供了新的途径。随着技术和认识的不断深化，二维材料的研究前景仍然充满着机遇和挑战。

1.1.2 二维碳基材料的重要性

碳元素在自然界中具有多种形式且广泛分布。自石墨烯被发现以来，二维碳基化合物因其碳原子易构成类石墨烯的蜂窝状结构，使其具有近似石墨烯的二维晶体结构特征和电声输运特性而越来越受到关注。为了弥补石墨烯本身固有的零带隙电子性质的缺陷，寻找以碳元素与其他金属或非金属元素结合所形成的二维碳基化合物成为近年来研究的热点。碳的多种杂化构型（sp、sp^2 和 sp^3）使它成为与其他非金属原子成键的最可行的原子。二维碳基化合物在实验上通常是通过改变碳原子的排列方式或与其他元素的化学结合而制备的，且具有特殊的晶体结构与电子性质。常见的有碳化硼、碳化硅、氮化碳、碳硫化物和碳化氮等。

碳与硼元素可以形成多种不同构型的碳硼化合物。不同于零带隙的石墨烯，多数碳硼化合物具有金属特性，但同时也有一些碳硼化物具有半导体特性，如 B_2C[47]、BC_3[48] 等。2011 年，Xiang 等通过理论计算与预测，得到了多种不同配比且未曾报道过的碳硼化合物，包括 BC_5、BC_3、BC_2、BC、B_2C、B_3C、B_5C 等。其中，在富碳结构中，硼在最稳定的构型中形成一维之字形链状结构（BC_3 除外），而在富硼的化合物中，可以观察到一种新的平面四配位碳基序，具有近似的 C_{2v} 对称。

除了与硼元素形成二维化合物，同主族且具有相同数量价电子的硅元素也有望与碳在大范围的化学计量成分中形成稳定的单层。Fan 等理论上预测了从富硅到富碳一系列 Si_xC_{1-x} 不同组分的构型，最终得到了 t-SiC、t-Si$_2$C 和 γ-silagraphyne 三个稳定的化合物，并验证了 Si_xC_{1-x} 结构中成键的多样性[49]。Li 等通过密度泛函理论探究了 SiC_2 类石墨烯结构，其中每个硅原子都与四个碳原子成键且具有平面四配位构型，表明了该结构是含硅扩展体系中的第一个反范霍夫/勒贝尔类型[50]。同时，也验证了结构的高稳定性使其有可能在实验中被合成。

由碳和氮原子构成的二维碳基化合物一直以来被广泛地探究。其中，C_3N_4 单层已经在实验上被剥离且在催化和电池等领域中进行了充分的研究。此外，C_3N 单层材料在实验上也被成功制备，它是一种类石墨烯蜂窝状无孔有序结构半导体[51]。实验技术和理论研究证明，利用控制层叠方式可以实现双层 C_3N 从半导体到金属性的转变，并且 C_3N 将在纳米电子学等领域具有广阔的应用。除此之外，多种不同配比的二维碳氮化合物正在被各个领域进行大量的研究。

随着上述二维碳基化合物的发现，人们开始对其他含碳和其他非金属元素二维结构进行了探索。预测得到的 P_3C 和 PC_6 单层表明了结构中具有曲折的六原子环[52-53]，而 C_2P_4、C_4N 和 C_4N_4 的构型中则由多种原子环混合而成[54-56]。此外，人们还发现了两种独特的二维二氧化碳，它们分别表现出负泊松比和巨大的带隙[57]。

二维金属碳化物是一类比较丰富的二维碳基化合物，根据金属原子的不同可以分为过渡金属碳化物（MXenes）和碱金属（或碱土金属）插层碳化物。MXenes 是一类新型的二维金属碳化合物，具有出色的电导率、机械强度和化学稳定性，因此在电池、超级电容器、传感器等方面有广泛应用；而碱金属（或碱土金属）插层碳化物则主要是通过吸附或者沉积金属原子到二维层状材料来调控材料的结构特性的，如超导性、导电性等。

二维碳基材料丰富的结构特性使得其在各个领域中都显示出了具有革命性的应用潜力，这些材料的独特性质为其在实际应用中提供了新的舞台和机会。此外，二维碳基材料的结构预测是材料科学和纳米技术领域的重要课题之一，它旨在通过精心设计和控制碳原子的排列和结构，实现特定性质和功能。这些新发现的二维碳基材料丰富了二维材料的种类和构型，为进一步探究新型二维材料的特性提供了理论指导。随着更多二维碳基材料的发现和研究，从电子学到能源存储，再到生物医学，未来有望催生更多的创新性应用。

1.1.3　二维材料的结构预测

新型二维材料的结构预测是材料科学领域的一个重要课题，具有深远的科学研究意义。通过调整晶格、形状或原子组成，可以探寻新颖的物理现象，如拓扑绝缘体和拓扑超导体等，这些研究对于推动基础物理的发展以及未来技术的进步具有至关重要的意义。在当今众多二维材料中，石墨烯、TMDs 和黑磷无疑是其中的佼佼者，它们不仅展示了独特的物理和化学性质，而且已经在实验室中成功合成。但是，这些二维材料在实际应用中仍然面临着一系列的挑战：石墨烯，以其超高的电导率和力学强度而著称，却因为没有带隙而在某些电子应用中受到限制；TMDs，尽管在能带结构方面有优势，但其载流子迁移率并不理想；黑磷，一个在光电领域有巨大潜力的材料，却在单层状态下稳定性较差，这限制了其在真实场景中的使用范围。因此，研究者们一方面努力改进和优化这些已知的二维材料，另一方面则是寻找具有新特性的二维功能材料。通过对不同的晶格、对称性和元素组合，可以预见未来仍有大量的二维材料等待被发现，这些新材料可能会带来前所未有的性质和广泛的应用前景。

在没有明确的研究方向或目标的情况下，传统的实验方法可能会消耗大量的资源和时间。这就需要采用更为先进和高效的方法。幸运的是，晶体结构预测方法和第一性原理计算相结合可以更高效地探索新材料。近年来，科研工作者利用这种方法已经预测出了大量的新型二维材料。这些材料不仅具有出色的性质，如高配位结构、适中的直接带隙及本征的二维铁磁或铁电性质，而且在实验室中也得到了验证。例如，硅烯、硼烯、锑烯和锗烯等单元体系已经被成功合成，且它们的性质也得到了实验验证。而在二元或三元体系中，如 SnTe 单层、MoP_2 单层等，在各个领域展现出了巨大的应用潜力，较完整的理论预测和实验合成数据列于表 1-1 中。

表 1-1 新型二维材料的理论预测和实验合成情况

种类	组分	年份	是否合成	组分	年份	是否合成
单质	硼烯[58-61]	2016	是[21]	锡烯[62]	2014	是[63]
	硅烯[28]	2009	是[64]	锑烯[65]	2015	是[65]
	磷烯[66-68]	2012	是[69-70]	铋烯[71]	2016	是[72-74]
	砷烯[30]	2015	是[75]	Penta-石墨烯[76]	2015	否
	钼烯[77]	2023	是[77]			
非金属二元化合物	B_xC_y[47, 78-80]	2009	否	Si_xS_y[81]	2016	否
	B_xSi_y[82]	2013	否	B_xH_y[83]	2016	否
	Si_xP_y[84]	2015	否	P_xO_y[85]	2016	否
	Si_xC_y[86-88]	2022	否	B_xO_y[89-90]	2022	否
	Si_xO_y[91-92]	2017	是[93]	C_xSe[94]1	2023	否
金属硼化物	MgB_4[95]	2014	否	Ti_xB_y[96-97]	2017	否
	Fe_xB_y[98-100]	2016	否	Mo_2B_2[101]	2019	否
	$Mo_{4/3}B_{2-x}$[102]	2021	是[102]	MnB[103]	2018	否
金属碳化物	Be_xC_y[104-106]	2014	否	Al_xC_y[107-108]	2014	否
	TiC[109]	2012	否	Mn_2C[110]	2016	否
	V_2C[111]	2020	是[111]	Cu_2C[112]	2021	否
金属氮化物	ZrN_2[113]	2015	否	Mg_3N_2[114]	2016	否
	MoN_2[115]	2015	否	CrN[116]	2017	否
	Be_xN_y[117-118]	2016	否	YN_2[119]	2017	否

续表

种类	组分	年份	是否合成	组分	年份	是否合成
金属氧化物	MnO_2[120]	2013	否	Zn_3O_2[121]	2018	否
	Tl_2O[122]	2017	否	TiO_2[123]	2018	是[123]
金属硅化物	Cu_2Si[124]	2015	否	$CaSi$[125]	2018	否
	Fe_2Si[126]	2017	否	Co_2Si[127]	2021	是[127]
金属硫化物	Co_2S_2[128]	2015	否	TiS_3[44]	2015	是[129]
	Penta-PdS_2[130]	2015	否	RuS_4[131]	2017	否
金属卤化物	CrI_3[132]	2015	是[46]	FeX_2[133]	2017	否
金属磷化物	Mo_2P[134]	2017	否	Co_2P[135]	2019	是[135]
	InP_3[136]	2017	否			
三元化合物	$CrSeTe_3$[137]	2014	是[138]	B-C-N[139] 1	2015	是[140]
	δ-FeOOH[141]	2017	否	BC_2X[142]	2022	否
	BC_6P[143]	2017	否	BNP_2[144]	2018	否

1. 新型二维类磷结构的铁电材料

铁电材料具有可逆的自发电极化性质，这一翻转过程可以通过外部电场来实现。那些具有低铁电翻转势垒和高极化值的铁电材料在非易失性存储、传感器、场效应晶体管以及太阳能电池等应用中显示出巨大潜力。二维铁电材料因其具有超薄的特性和清晰的界面，特别适合于界面调控和低维度应用。近期，已有几种二维铁电材料，如 In_2Se_3、$CuInP_2S_6$、d1T-$MoTe_2$ 和 SnX（X=S, Se, Te），被成功合成。特别地，SnX 系列材料因其多样的结构和丰富的物性而受到关注。这些材料的多种稳定相结构源于孤对电子的不同配置，其中一些结构（如 α 相、β 相和 γ 相）表现出铁电性质。考虑到等价电子体系可能产生相似的电子结构，探索基于等价电子原则的新型二维铁电材料，并理解其物性与结构、成分之间的关系，是当前的研究焦点。

中国科学院物理研究所的杜世萱研究团队通过高通量计算方法成功预测了 39 种新型二维 MX 铁电材料，如图 1-4(a) 所示，其中 M 代表 Ⅲ-Ⅴ 族元素，X 代表 Ⅴ-Ⅶ 族元素[145]。这些材料在 α 相、β 相和 γ 相中展现出铁电性，这是由于其结构畸变，导致中心对称性破缺，从而产生的自发极化。研究发现，M 和 X 元素间的电负性差异与铁电极化值成正相关，而且当电负性差异增大时，由 Ⅳ族-Ⅵ族或 Ⅴ族-Ⅴ族元素构成的 MX 铁电材料的面内压电应力系数 e_{11} 会相应地减小或增大。此外,该研究团队还揭示了 α-Sb(Sn)P、α-SbP 和 α-Sb(Te)P 在面内铁电隧道结中的显著电致电阻效应(电子隧穿系数比值在不同电极化下可达 $1.26×10^4$ %),以及 α-SnTe 材料的高压电应变系数(d_{11} = 396 pm/V)。这些发现为设计非易失性电阻存储器和高效压电器件提供了宝贵的指导。

2. 二维磁性材料的理论预测

室温下的铁磁性半导体对于量子计算、高频设备和高密度信息存储至关重要。二维材料因其强大的面内共价键和原子级厚度而展现出卓越的机械性能、柔韧性和光学透明性,在未来电子设备中具有巨大的潜力,为高集成度和低功耗的信息处理与存储提供了理想平台[151]。但在二维材料中实现长程磁有序一直是一个长期的难题,因为在各向同性的海森堡模型中,二维系统的长程磁有序容易被任何由有限温度产生的热涨落破坏。然而,随着二维材料研究的进展,科研工作者发现二维系统的磁各向异性能够稳定自旋的方向,从而实现长程磁有序。尽管如此,目前的二维磁性材料仍面临诸多问题,如难以在室温下维持磁有序和容易氧化的问题,这些都为其实际应用带来了挑战。此外,二维体系中的新型磁结构、磁相变和磁拓扑状态仍需进一步研究。因此,科研工作者应更加深入地探索磁性行为的调控,以增进对磁性材料中的量子和拓扑相变的理解。针对这一问题,中国科学院物理研究所与北京凝聚态物理国家研究中心团队采用第一性原理方法研究了一种名为 VTe_2(PP-VTe_2)的新型二维磁性材料,如图 1-4(b)所示。该材料独特的折叠五边形结构被认为是黄铁矿结构在二维上的表现。该团队通过计算验证了 PP-VTe_2 的结构稳定性,并探究了其自旋极化半导体特性。研究结果显示,单层 PP-VTe_2 具有内在的铁磁序、高磁交换能、高居里温度和特殊的面内磁各向异性。更值得注意的是,他们还发现了 PP-VTe_2 中二维铁弹性与面内磁化轴之间存在多铁性耦合。这些发现为研究此类材料的磁性和铁弹性特性提供了新的视角。

3. 二维硼化物的理论预测

近些年,理论研究指出二维过渡金属硼化物(MBenes)有望成为新型的磁性、能量存储和催化应用材料。然而,对 MBenes 的研究在很大程度上仍然集中在理论方面,其实验合成和实际应用的探索面临挑战。目前,MBenes 的合成难度主要源于两个方面:一方面是稳定存在的三元 MAB 相前驱体种类有限;另一方面是传统的正交晶系 MAB 相(ort-MAB)难以进行选择性蚀刻。为了解决这些问题,西北工业大学材料学院的王俊杰教授及其团队结合高通量结构搜索、计算筛选和实验验证,成功预测了 133 种具有合成可能性的六方 MAB 相(h-MAB),这些 h-MAB 分为三种结构原型,如图 1-4(c)所示。研究表明,与传统的 ort-MAB 相相比,六方晶系的 h-MAB 相更适合作为 MBenes 的前驱体材料。该团队进一步在实验中成功合成了三种代表性的 h-MAB 相结构原型,包括 Hf_2InB_2、V_3PB_4 和 Hf_2PbB,并通过选择性蚀刻 Hf_2InB_2 中的 In 层,首次制备出了六方 MBene,即 HfBO。后续的应用测试显示,这种二维 HfBO 材料在锂离子电池负极应用中有着巨大的潜力。

4. 其他理论预测的新型二维材料

除上述所述新型二维材料,南洋理工大学刘政团队[148]提出了一种基于组分融合的拓扑设计方法,成功预测并合成了稳定的二维半导体 PdPSe,并证实该材料在场效应晶体管和光电探测器中有不俗的表现,如图 1-4(d)所示。郭亚光团队[149]在设计极化材料时结合了五边形密铺平面的数学模型,提出了二维五边形结构不等价三配位原子的设计方案,并基于此开发了一套高通量结构搜索方法,如图 1-4(e)所示,从 Materials Project 数据库中成功筛选出了八种具有面内永久极化的二维五边形过渡金属化合物。青岛大学李洪森团队[150]预测并合成了一种独特结构的二维 WS_2,该材料由超薄纳米片堆叠而成,并首次用作铝离子电池的正极材料,进一步得到了其储铝机制,如图 1-4(f)所示。

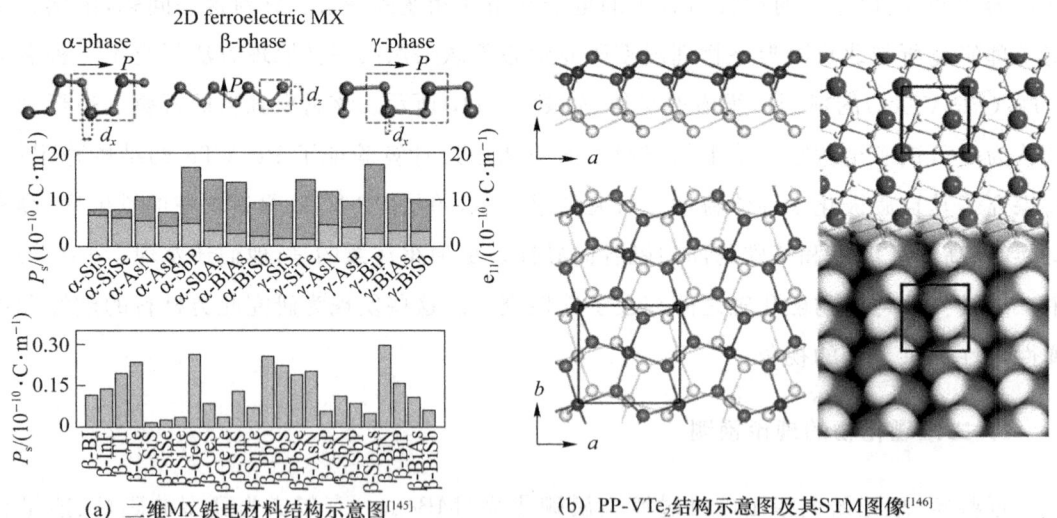

(a) 二维MX铁电材料结构示意图[145]　　(b) PP-VTe$_2$结构示意图及其STM图像[146]

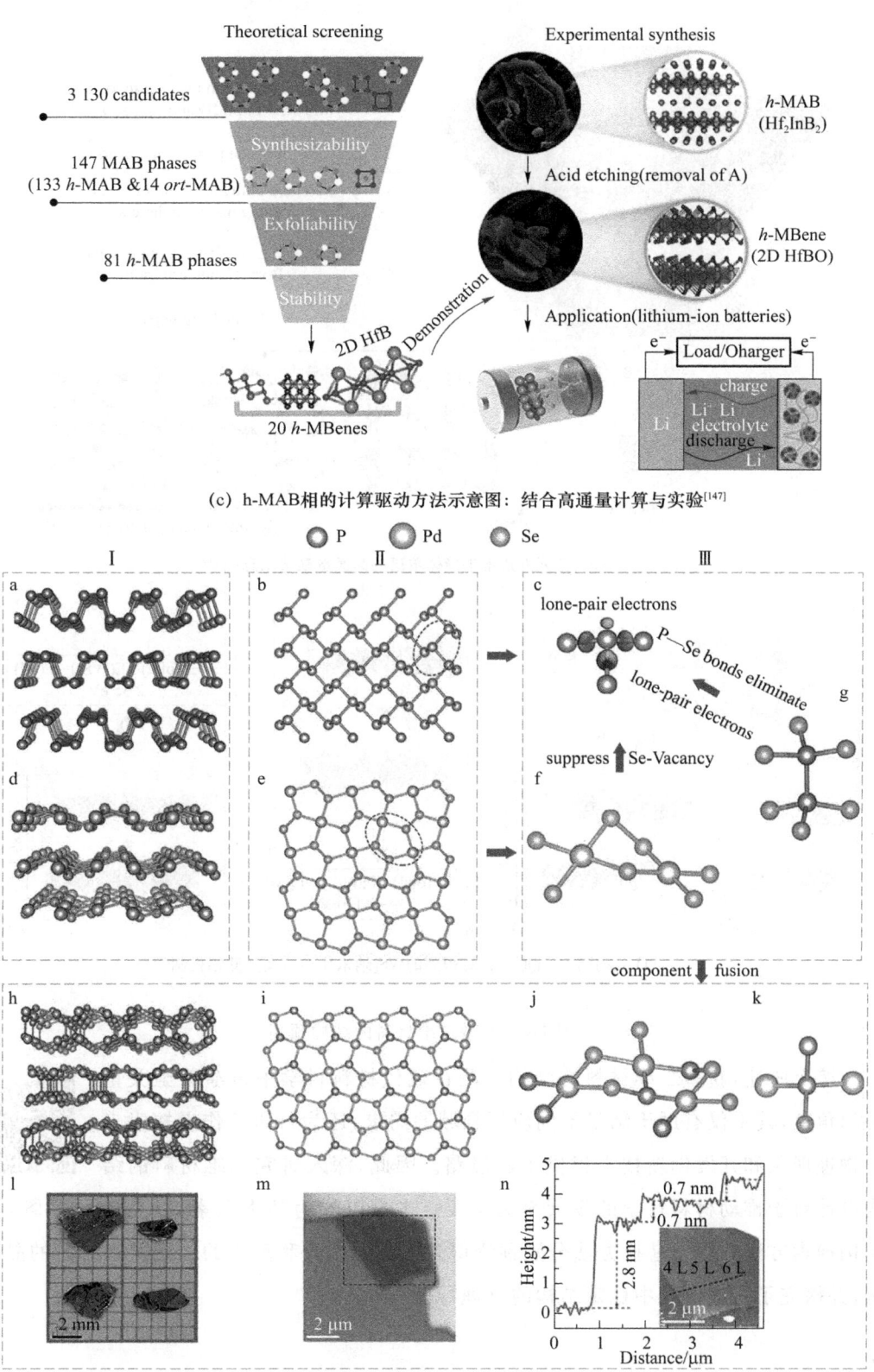

(c) h-MAB相的计算驱动方法示意图：结合高通量计算与实验[147]

(d) PdPSe晶体基于组分融合的拓扑设计[148]

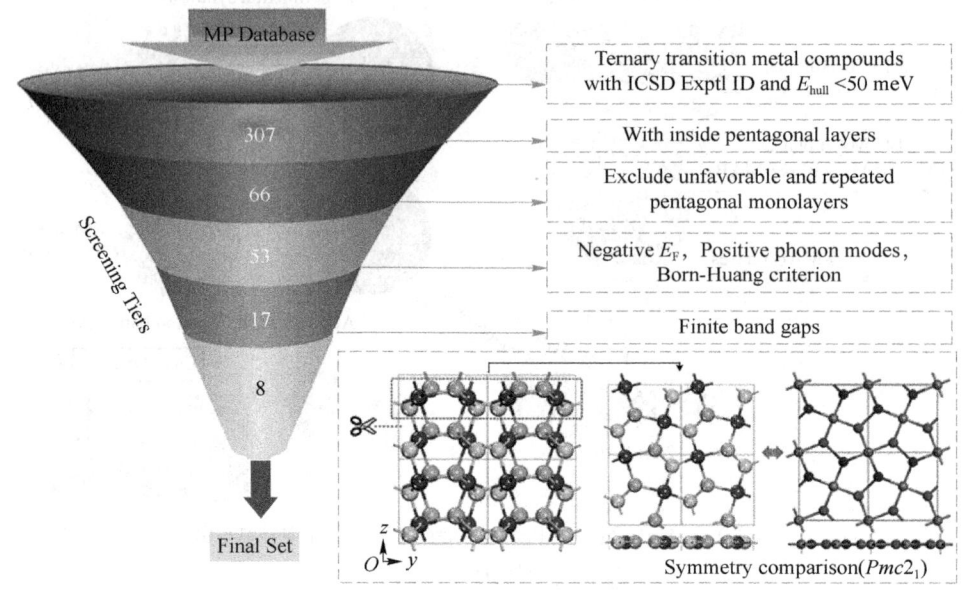

(e) 三元五边形半导体单层的高通量筛选示意图[149]

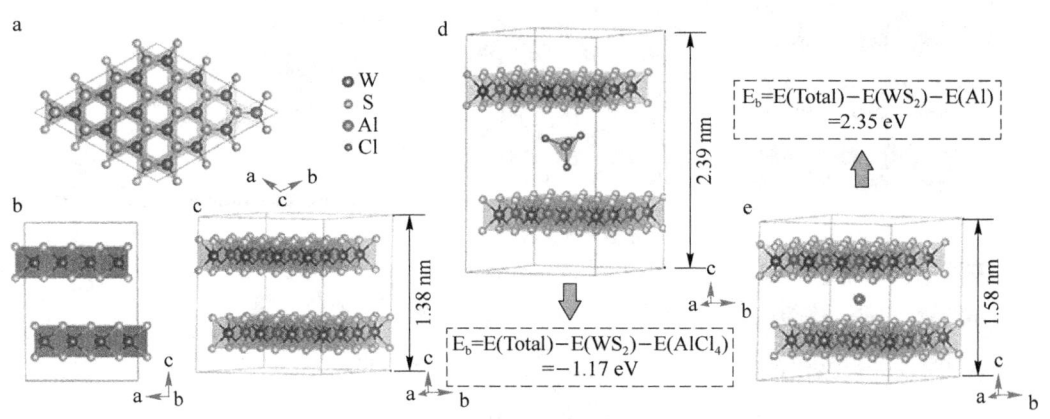

(f) 基于第一性原理计算得到的WS$_2$纳米片结构及其储铝机制[150]

图 1-4　新型二维材料的结构预测

综上所述，新型二维材料的结构预测在现代材料科学中扮演着至关重要的角色，其不仅有助于满足不同应用领域的需求，还为科研工作者探索未知物理现象和开发创新技术提供了新思路。因此，深入研究二维材料的结构设计对于推动材料科学的发展至关重要。本书以碳为基本元素，以晶体结构搜索方法和原子替换方法分别预测得到了不同组分和配比的二维碳基材料的晶体结构，并探究了相应体系中稳定结构的物理特性。

彩图 1-4

1.2 二维材料的电声输运性质

材料的性质受其结构所制约,而二维材料独特的平面构造使其具备多种特殊的物理特性。为了充分理解这些结构特征,需要对二维材料的电声输运性质进行深入的分析和剖析。本书中二维材料的电声输运性质主要是指由电子主导、声子主导以及电子声子共同作用的性质,主要包括拓扑性质、热输运和超导三个部分。二维材料中的电子输运受到晶格结构、材料的带隙、载流子迁移率等因素的影响;而二维材料的声子输运性质受到晶格结构、声子频率、散射机制等因素的影响。声子在晶格中的传播会受到各种散射机制的影响,如声子-声子散射、声子-杂质散射等。由于二维材料的层状结构,其声子传导在平面内和垂直平面方向上可能表现出不同的性质。由于电子和声子之间的相互作用,二维材料中可能存在电声耦合效应。这意味着电子运动会影响晶格振动,从而改变声子的传播性质,反过来声子也可以影响电子的输运。这种耦合可能导致出现新颖的物理现象和器件应用。基于对这三个方面的输运计算,本书着重研究并分析了二维材料的超导、热输运和拓扑的性质。

1.2.1 超导性质

超导是材料科学和凝聚态物理领域的一个关键议题。超导现象是指在低于超导转变温度的低温环境下,超导材料的电阻变为零,这是一种重要的量子现象。超导材料具有两个基本属性,即"完全抗磁性"和"零电阻"。"完全抗磁性"表示在超导材料从普通状态转变为超导状态时,它会对磁场表现出完全的排斥,这被称为迈斯纳效应。迈斯纳效应与理想导体的磁场响应不同,其揭示了超导体的真实性质,避免了将其简化为理想导体,即电阻趋于零的假设,有助于更全面地理解材料的超导特性。除了超导转变温度,超导材料的超导性还受电流密度和磁感应强度的影响。当其中任一参数超过临界值时,超导态将消失。在临界温度、临界电流密度和临界磁感应强度下,超导体可以实现稳定的零电阻超导态。这意味着在没有外部电源供电的情况下,电流可以在超导线圈中持续流动,并且不会有能量耗散。结合迈斯纳效应,超导体在信息通信、无损耗输电、磁悬浮运输等领域具有广泛的应用前景。

超导现象是凝聚态物理领域的一个关键宏观量子现象,具有极其重要的意义。自1911年首次观察到超导现象以来,关于超导是否能在二维结构中存在一直存在争议。

1938年，亚历山大·沙尔尼科夫（Alexander Shal'nikov）在一篇开创性的文章中首次报道了数百纳米的铅和锡薄膜的超导性，从而开创了薄膜超导体领域[152]。二十世纪八十年代，由淬火凝结法制成的非晶或颗粒状超导薄膜达到了亚纳米尺度，这推动了超导体到绝缘体量子相变和 Berezinski-Kosterlitz-Thouless 转变的研究。得益于分子束外延和 Scotch-tap 剥离技术的飞速发展，晶体超导薄膜在过去二十年中一直是研究的热点，其许多基本超导特性也已被揭示。Yu Saito 及其同事总结了二维超导体所表现出的一系列有趣的性质，如库珀对的局域化、由量子尺寸效应引起的转变温度振荡、由超导波动引起的超导电性以及绝对零度下的 BKT 转变和量子相变等[153]。因此，二维超导体越来越被视为研究新物理的平台，同时也为寻找新的高温超导体提供了更多的线索[153]。

石墨烯作为最早出现的二维材料，通过调控使其具备超导电性的研究一直在推进[154-156]。最初的实验通常在石墨烯表面进行碱金属原子的吸附来调节其电子性质，并发现了锂原子吸附的石墨烯可能存在的超导能隙值为 $0.9\ \text{meV}$[154]，随后插层 Ca 元素的双层石墨烯被证实在 $4\ \text{K}$ 时出现了超导转变[157]。有趣的是，当将碱金属替换为 Li 元素时，材料将不具备超导电性。这说明插层元素在很大程度上决定了该体系材料的电子性质，其内部的相互作用机理仍有待探讨。2018 年，Nature 连发两篇 Cao 等关于石墨烯被旋转调控之后可以具有超导特性的工作引起人们广泛关注[158-159]。该工作指出，按"魔角"角度旋转的双层石墨烯中出现的新型电子状态，该电子态与高温超导中呈现的物理状态一致。如图 1-5(a)所示，通过旋转，原本石墨烯上存在的狄拉克锥电子性质被改变，出现了能隙。同时，狄拉克点上的费米速度被重整化，当材料的费米速度为零时所对应的角度被称为魔角。由于魔角石墨烯在实验上表现出类似莫特绝缘体的特性，同时出现了超导态，因此被认为是潜在的高温超导体[160]。同年，Nature 发表了观点类评论"Novel electronic states seen in graphene."，并对魔角石墨烯的工作表示高度认可。Nature 为高温超导机理的研究提供了一个理想的平台，为目前高温超导研究领域中的铜氧化物超导的研究困境提供了一种可能的解决办法。此外，虽然魔角石墨烯的超导温度只有 $1.7\ \text{K}$，但是实验上观测到其载流子浓度很低，比传统高温超导体的载流子浓度低了几个数量级，这进一步验证了其具有作为高温超导体的潜能，因此目前仍被广泛研究[161]。

彩图 1-5

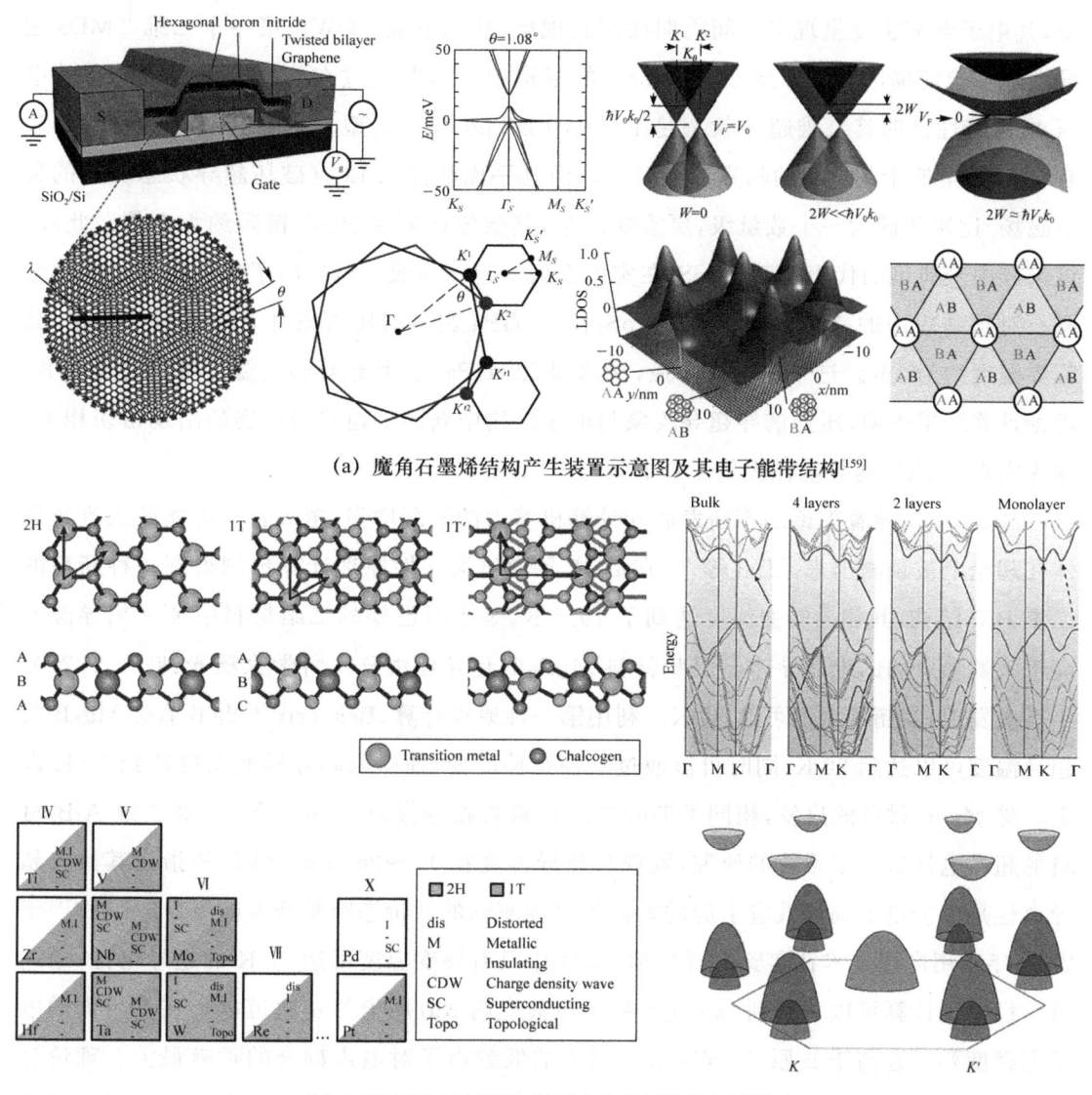

(a) 魔角石墨烯结构产生装置示意图及其电子能带结构[159]

(b) 过渡金属二硫化物晶体结构与电子结构特性[34]

图 1-5 魔角石墨烯和过渡金属二硫化物的晶体结构和电子特性

二维过渡金属硫化物（TMDs）是一类被广泛研究的二维材料，与石墨烯不同，本征 TMDs 大多是半导体，因此其在纳米电子器件和光电子学等领域中有着广阔的应用前景[34]。根据金属原子不同的配位方式，TMDs 存在不同的结构相，其中三棱柱（2H）和八面体（1T）两种配位结构是最常见的。如图 1-5(b)所示，TMDs 的超导性可以是本征的，也可以通过静电掺杂、化学掺杂或施加应力来诱导[162]。有趣的是，在某些 TMDs 中，如 $2H-TaS_2$、$2H-TaSe_2$，超导性和电荷密度波（Charge Density Wave，CDW）在低温下是共存的[163-164]。CDW 出现的原因如下：一维金属在低温下会由于晶格畸变而从金属转变为半导体，这种畸变会导致费米面与布里渊区的套迭，从而产生能隙；同时，伴随着晶格畸变,其电子电荷密度呈现出空间周期性调制现象,从而形成 CDW。第一个二维 TMDs 超导性的实验证据出现在单层 2H—NbSe$_2$ 的报道中[165],并通过在临界温度附近测量的电压-电流特性证明其二维超导状态是 Kosterlitz-Thouless 类型。尽管其超导转变温度只有 3 K,甚至低于其块状的临界温度(7 K),但其平面临界场 BC$_2$(破坏超导状态所需的最小磁场)比块状的大一个数量级,更重要的是,其数值比顺磁 Pauli 极限约大七倍。此外,该家族中最典型的代表 2H—MoS$_2$ 在实验上通过超高压成功诱导出了超导电性。利用金刚石对顶砧超声的高压条件,2H—MoS$_2$ 在 90 GPa 左右的压力条件下出现超导电性,其临界温度约为 3 K。进一步增大压强,在达到 220 GPa 时,其超导转变温度可以高达 12 K。理论计算结果表明,压力诱导超导现象与电子结构中新的平坦费米口袋的出现密切相关,这为实现 TMDs 超导电性提供了新的策略[166]。

与此同时,随着理论的不断发展和计算机算力的不断增强,越来越多可能的二维超导体在理论上被预测出来。Dai 等[167]在 2012 年通过第一性原理计算预测得到一种新型的二维 B$_2$C 结构,其超导转变温度达到了 19.2 K,是当时已知的二维材料中唯一超导温度高于液氢沸点的二维超导体。层状材料 MgB$_2$ 的超导性由日本科学家秋光纯[168]于 2001 年首次发现,其超导温度可达 39 K。利用第一性原理计算,Bekaert[169]指出单层 Mg$_2$B 的超导温度可以达到 20 K,同时可以通过双轴拉伸应变,使得其超导转变温度达到 50 K 以上。受 Mg$_2$B 材料的启发,相同类型的二维材料被相继报道。Zhao 等[170]对二维 AlB$_2$ 材料的超导电性进行了系统的研究,发现其超导温度在 17~26.5 K 之间,并指出其具有超导电性是由于量子局域效应引起的表面硼平面驱动的共价态跨越费米能级。Pei 等[171]于 2023 年利用高压技术在实验上观察到 MoB$_2$ 中具有转变温度可达 32 K 的超导电性,通过第一性原理计算可以观察到,MoB$_2$ 结构中过渡金属 Mo 原子的 d 轨道电子在费米面的电子态密度要远远高于 B 原子,同时 Mo 原子的低频声子对电声耦合的贡献最大。理论计算表明,依赖结构在 k_z 方向上的大的能带散射以及 Mo 原子面外振动声子与费米面附近 Mo 的 d 电子发生的强的电声耦合共同实现了 MoB$_2$ 中较高的超导电性。Song 等[172]利用晶体结构搜索,获得了一种新型的四方晶格二维 AlB$_6$ 结构,该结构具有三重狄拉克锥、狄拉克类费米子和节点环等特征。其超导转变温度为 4.7 K。有趣的是,利用拉伸应变调控,该温度可以提高到 30 K。

可以看到,二维材料的出现为超导研究提供一个新的平台,用于探索与传统三维材料中不同的超导机制,例如,二维材料中的电子-电子相互作用和电子-声子相互作用可能与三维材料中的相互作用有所不同。另外,由于其二维性质,这些材料的超导特性可以通过外部因素(如电场、磁场和机械应变等)进行调控,为科研工作者提供了更多的灵活性。同时,二维材料中的超导性往往可以与其他物理现象(如磁性、电荷密度波等)共存或竞争,这为功能设备的开发提供了可能性。总的来说,二维材料为超导研究开辟了新的领域,为理论和实验研究提供了丰富的平台,因此仍需投入大量精力在其中,这将有望推动纳米材料超导技术的发展与应用。

1.2.2 热传导性质

在固体材料中,热能够通过电子和声子两种方式传递。电子是金属中的主要热载体,声子是电介质和大多数半导体中的主要热载体。电子的概念是直观的,而声子的概念则更为抽象。声子是一个类似光子的概念,是一个用来描述热能传递的量子。它本质上描述了晶格振动的能量传递。通常,热传输方程(也称为傅里叶定律)决定了物体的传热,其表达式为 $q=-\kappa\dfrac{\mathrm{d}T}{\mathrm{d}x}$,其中 q 表示热流,κ 是热导率,$\dfrac{\mathrm{d}T}{\mathrm{d}x}$ 表示温度沿着 x 轴方向的梯度。对于大多数块体材料,在给定温度时,其热导率会是一个常数。但是在二维材料中,如石墨烯、黑磷与二硫化钼等,其相应的热导率值可以显著不同于其块体值。这些差异为热管理和能量转换等各种应用提供了新的机会[173-174]。

与材料热输运性质相关的一个重要物理量是载流子的平均自由程。以声子为例,可以将其设为一个粒子,当其在固体内部移动时,它会与其他声子、杂质或是边界发生碰撞,从而出现能量的损失。两次碰撞之间的距离被称为声子的平均自由程。平均自由程在室温下通常从几纳米到几十微米。当声子的平均自由程大于材料的尺寸时,声子会在碰撞另一个声子之前在边界上发生散射,这些发生在边界上的额外散射会大大降低热传递,这也是大部分纳米材料热导率比较低的原因,这种效应通常被称为经典尺寸效应。

在低维材料中,热导率与其他传统的体材料值相比可能会有很大的不同。在过去几十年中,这种由维度引起的差异已被发现,并在理论和实验上进行了广泛的研究。一个典型的例子就是硅纳米线中的热导率降低。硅在室温下的热导率约为 148 W/(m·K),但是在表面粗糙的硅纳米线中,测得的热导率降低了两个数量级[175-176]。类似的现象在二维材料中是比较常见的。除了尺寸效应,二维材料还有其他有趣的新特性,如可以通过调整材料层数来改变其热导率[177]、各向异性的面内热导率[178]和流体动力热输运等[179-180]。

二维材料的新型可调热性能在电子热管理方面具有重要的应用价值。热导率的可控变化为不同的现代器件(如热电器件、热整流器、热调节器,甚至声子计算器件)的应用提供了机会[181]。例如,二维材料石墨烯的导热系数高达 3 000 W/(m·K)(甚至更高),该值与自然界中导热系数最高的材料金刚石相当,因此被应用于高功率电子器件热管理中[11]。总的来说,对于二维材料的热输运现象的研究将有助于进一步理解其微观图像,从而为设计更加实用的器件提供有效的理论指导。

1.2.3 拓扑性质

拓扑材料是一类其性质对局部不敏感而只和整体电子结构有关的材料[182]。拓扑材料包含了一系列的结构,这些结构表现出以拓扑不变量为特征的相。拓扑不变量指在系统哈密顿量变化时保持不变的量,通常是 Z2 不变量、陈数或者贝里曲率,其中贝里曲率在布里渊区上的积分等于陈数。拓扑材料包括拓扑绝缘体(Topological Insulator,TI)[183]、Weyl 和 Dirac 半金属(Weyl and Dirac Semimetals, WSM & DSM)[184]、拓扑超导体(Topological Superconductors, TSC)[185],其能带结构通常如图 1-6 所示。由于一种材料往往同时出现多种可能的拓扑性质的重叠,因此这种区分并不总是很明确的。

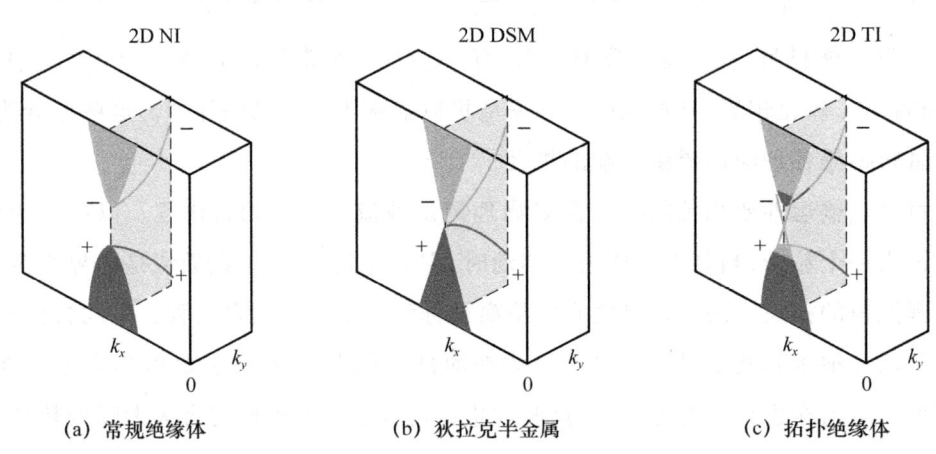

(a) 常规绝缘体 (b) 狄拉克半金属 (c) 拓扑绝缘体

图 1-6 不同材料的能带结构示意图[182]

二维材料的出现为拓扑领域的研究提供了新的机会与平台。首先,与传统体相材料不同,二维材料的表面电子是可以直接被调控的,这有助于在二维通道中对载流子的传导进行有效的静电控制,从而实现晶体管领域的应用。其次,大多数二维拓扑材料表现出强的自旋-轨道耦合效应,通过适当的外部调控,这类结构可以在弱磁场的条件下产生无耗散的边缘态,并通过量子自旋和反常霍尔效应用于晶体管器件中。最后,在拓扑绝缘体中,如 Bi_2Ti_3,由于该类二维材料的自旋轨道扭矩往往较大,因此,只要通过增加电荷密度就可以获得较大的电流[186]。过渡金属硫化物 WSe_2 是多功能拓扑材料中的一个典型代表,它具有非常强的自旋轨道耦合,比较宽的直接带隙,在外部磁场存在时其能谷简并度的各向异性会显著提升,这使得其成为可以获得能谷自由度的理想选择。同时,二维过渡金属硫化物的制备工艺是相对简单的,因此它们成为光学发射器和探测器的理想选择[187]。此外，二维材料的拓扑超导研究也发现了许多令人兴奋的进展，如手性超导[188-189]、马约拉纳零能模[190]、分数约瑟夫森效应[191]和非常规库珀对等[192]。

可以看到，二维拓扑材料所涉及的内容与领域十分丰富，因此，提出新的可能的二维拓扑结构，了解其内在的物理机理，将有助于增加对于拓扑现象的了解，加速拓扑材料的研究进程，推进相关器件的持续发展。

1.3　本书的主要内容与目的

二维碳基材料的结构预测为研究量子效应、纳米尺度现象和低维度物理机制提供了一个独特的平台，这对于理解基本科学问题具有重要价值。本书结合基于粒子群优化算法的全局结构搜索技术和第一性原理计算方法，开展了典型二元 C—Se 和三元 Si—B—C 碳基化合物二维结构预测及其电声输运特性研究。此外，本书进一步采用多种不同类型金属插层碳基化合物 B_2C_2 单层，探究了金属插层对二维碳基化合物结构稳定性和超导物性的调控与影响。具体的章节介绍如下。

第 2 章中介绍了本书的主要理论方法以及所使用的工具，包括密度泛函理论、晶体结构预测方法、超导理论与计算方法、基于紧束缚模型的 Wannier 函数、热输运相关的输运方程以及几种常用的软件工具。

第 3 章中开展了二元碳基化合物 C—Se 二维结构设计及其电声输运性质研究。通过第一性原理计算和全局结构搜索，理论设计了一类新型稳定二维富碳 C—Se 单层结构，得到了不同组分下的三个低能量构型 C_4Se、C_5Se 和 C_6Se 单层。结合第一性原理计算和 BCS 理论，研究了这些单层结构的电子-声子输运性质，揭示了 C_4Se 单层具有本征的超导特性，C_5Se 单层可通过 p 型掺杂调控形成超导态，它们的超导转变温度分别可以达到 11.6 K 和 11.2 K，超越了大多数的二维材料。此外，当通过应力调控，其半导体 C_6Se 单层带隙闭合后，其电子结构转变非平庸拓扑态。

第 4 章中开展了三元碳基化合物 Si—B—C 二维结构设计及其电声输运性质研究。利用 CALYPSO 结构预测软件对硅、硼、碳三种轻元素进行了二维晶体结构预测，发现了 $SiBC_4$、$SiBC_6$ 和 SiB_4C 三个不同组分的二维结构单层。结合密度泛函理论、紧束缚模型、玻尔兹曼输运理论以及超导理论，分别对这三个结构的电子性质和电声输运特性进行了系统研究。计算结果表明，这三个单层结构都是力学、动力学和热力学稳定的，且在 1 500 K 高温下结构仍然能保持高的稳定性。有意思的是，三个结构都具有高的热导率，其中 $SiBC_4$ 单层的热导率最高可到 240 W/(m·K)，超越了多数已知的二维材料。值得注意的是，SiB_4C 单层还具有本征的超导特性，其超导临界温度可以达到 12.2 K，这个值大于多数先前报道过的二维单层材料。

第 5 章中研究了由不同金属插层硼碳单层引起的结构稳定性和超导物性的变化与影响。通过第一性原理计算系统且全面地探究了包含所有金属元素在内的金属插层硼碳单层结构的稳定性和物理特性，最终确定了 15 个结构，并对它们的晶体结构、电子性质以及超导特性进行了系统研究。结果表明，$K—B_2C_2$ 体系具有最高的超导转变温度，其 T_c 可达到 53.39 K。进一步分析可以得到 $K—B_2C_2$ 体系高超导温度的来源是 K 原子较低的电负性和低频区域声子软化效应，使得其在与 BC 结构形成层状材料时，结构中的电子和声子在低频和高频处的电声耦合作用都可以达到比较理想的强度。此外，通过分析 15 种 $M—B_2C_2$ 体系的超导转变温度的变化趋势发现，该数值与 M 金属原子的外层电子排布规律呈现出有趣的对应关系。

第 6 章为本书的结论与展望。

第 2 章 理 论 方 法

2.1 密度泛函理论

2.1.1 薛定谔方程

薛定谔方程是研究微观物质电子结构的有效工具[193]。当研究的对象不存在与时间有关的原子、分子相互作用时,常常使用定态薛定谔方程来解决遇到的问题。此时,对于一个含有 M 个核,N 个电子的系统,其多体薛定谔方程可以表示为

$$\hat{H}\Psi(r_1,r_2,\cdots,r_N,R_1,R_2,\cdots,R_M)=E\Psi(r_1,r_2,\cdots,r_N,R_1,R_2,\cdots,R_M) \quad (2-1)$$

其中,r_i 表示第 i 个电子的坐标位置,R_i 表示第 i 个核的坐标位置。哈密顿算符可以表示为

$$\hat{H}=-\sum_{i=1}^{N}\frac{1}{2}\nabla_i^2+\frac{1}{2}\sum_{i\neq i'}V(r_i-r_{i'})-\sum_{j=1}^{M}\frac{1}{2M_j}\nabla_j^2+\frac{1}{2}\sum_{j\neq j'}V(R_j-R_{j'})+\sum_{i,j}V(r_i-R_j) \quad (2-2)$$

这里使用了原子单位制。其中,哈密顿算符的前两项表示电子的动能以及电子与电子之间的库伦相互作用势,第三项与第四项则表示核的动能以及库伦作用势,最后一项代表着电子与核之间的相互作用势。

2.1.2 Born-Oppenheimer 近似

对于一个量子系统,原则上只要给出体系的哈密顿量,通过求解薛定谔方程,就可以得到体系允许的能量与波函数,从而获得所有想要的信息。但是在实际操作中,由于体系

所含有的原子数量通常是巨大的,薛定谔方程的完整求解几乎不可能。因此在实际处理过程中,往往会采取一系列有效的近似,使得方程的求解可以实现。

Born-Oppenheimer 近似,也被称为绝热近似,被广泛应用于薛定谔方程的求解上。其出发点是考虑到原子核的质量远远大于电子的质量,因此在体系拥有相同的动能下,原子核的速度将远远小于电子的速度[194]。在处理实际问题时利用这一点可以将原子核的运动与电子的运动分开考虑。因此,Born-Oppenheimer 近似就是在处理电子运动时,将原子核当作静止的状态来处理。通过分离变量和公式(2-1)可以得到电子薛定谔方程

$$\hat{H}_e \Phi(r_1, r_2, \cdots, r_N) = E_e \Phi(r_1, r_2, \cdots, r_N) \qquad (2\text{-}3)$$

其中,哈密顿算符为

$$\hat{H} = -\sum_{i=1}^{N} \frac{1}{2} \nabla_i^2 + \frac{1}{2} \sum_{i \neq i'} V(r_i - r_{i'}) - \sum_{i,j} V(r_i - R_j) \qquad (2\text{-}4)$$

可以看到,一旦认为原子核是静止的,原子核的坐标信息在方程中就是一个固定的参数,从而可以有效地将电子与原子核的运动解耦。在公式(2-4)中,其第一项与第三项只涉及单个电子,被称为单电子项;第二项则与两个电子之间的距离有关,则被称为双电子项。考虑双电子项确定的复杂程度,在处理特定问题时会将其忽略,并将这种操作认为是单电子近似[195]。

2.1.3　Hobenberg-Kohn 理论

Born-Oppenheimer 近似有效地减少了在实际处理过程中的计算量,但是对于多电子体系而言,即使有了电子薛定谔方程,直接求解波函数的方法仍面临着巨大的困难。1964 年,基于 Hobenberg-Kohn 定理(H-K 定理),Hobenberg 与 Kohn 给出了依赖电子云密度求解薛定谔方程的方法。传统的波函数方法中波函数涉及与电子体系相关的 $3N$ 个变量,而电荷密度仅仅是空间位置函数,仅涉及 3 个变量,因此大大减少了在实际操作中计算难度与计算量,使得多电子体系的有效计算成为可能。

H-K 定理主要归结为以下两条[196]。

H-K 定理 1　由相互作用粒子组成的体系,其受到的外势 $V_{\text{ext}}(r)$ 由该体系的基态电荷密度 $\rho(r^0)$ 唯一决定。

H-K 定理 2　对于体系任意电荷密度 $\rho(r)$,体系的能量可以表示为电荷密度的一个泛函 $E(\rho(r))$。当外势 $V_{\text{ext}}(r)$ 给定时,当且仅当电荷密度为该体系的基态电荷密度 $\rho(r^0)$ 时,泛函能量最小,并给出体系的基态能量。

H-K定理1证明了体系所处的外势与体系的基态电荷密度存在唯一的对应关系。同时,基态电荷密度也决定了体系的波函数与能量。其证明如下:

假设存在两个不同的外势,V_{ext}和V'_{ext},两者都对应体系的基态电荷密度,记为ρ。因此可以得到两个不同的哈密顿量,记为H和H',其对应的波函数也是不同的,记为φ和φ'。由于两个外势都对应体系基态,因此有:

$$E_0 < \int \varphi'^* H \varphi' d\tau = \int \varphi'^* H' \varphi' d\tau + \int \varphi'^* (H-H') \varphi' d\tau = E'_0 + \int \rho(r) [v_{ext}(r) - v'_{ext}(r)] dr \tag{2-5}$$

$$E'_0 < \int \varphi^* H' \varphi d\tau = \int \varphi^* H \varphi d\tau + \int \varphi^* (H'-H) \varphi d\tau = E^0 - \int \rho(r) [v_{ext}(r) - v'_{ext}(r)] dr \tag{2-6}$$

两式相加可以得到:

$$E_0 + E'_0 < E'_0 + E^0 \tag{2-7}$$

显然,公式(2-7)不成立,故假设错误,H-K定理1得证。

由于电子密度决定了体系的电荷数以及外势,因此基态的所有特性,如动能、势能以及总能量都可以表示为电荷密度的泛函:

$$E[\rho] = T[\rho] + V_{ee}[\rho] + V_{ne}[\rho] = F_{HK}[\rho] + \int \rho(r) v_{ext}(r) dr \tag{2-8}$$

$$F_{HK}[\rho] = T[\rho] + V_{ee}[\rho] \tag{2-9}$$

$$V_{ee}[\rho] = J[\rho] + \text{nonclassical} \tag{2-10}$$

$$J[\rho] = \frac{1}{2} \iint \frac{\rho(r_1) \rho(r_2)}{|r_1 - r_2|} dr_1 dr_2 \tag{2-11}$$

其中,$F_{HK}[\rho]$称为Hobenberg Kohn泛函,$V_{ee}[\rho]$为交换关联能,$J[\rho]$为经典的电子之间库伦排斥能,nonclassical是非经典的交换关联能,该部分目前没有准确的表达式。

H-K定理2提供了寻找电荷密度的能量变分原则,对于任意满足体系的试探电荷密度$\tilde{\rho}$,其所对应的能量$E[\tilde{\rho}]$与体系真实的基态能量E_0满足:

$$E_0 \leqslant E[\tilde{\rho}] \tag{2-12}$$

其证明如下。

根据H-K定理1,对于给定的试探电荷密度$E[\tilde{\rho}]$,可以确定其对应的外势、哈密顿量与波函数,分别表示为$\tilde{v}_{ext}, \tilde{H}, \tilde{\Psi}$。定义体系基态各项物理量分别为$\rho, v_{ext}, H, \Psi$,可以得到：

$$E_0 = E[\rho] = \int \Psi^* H \Psi \mathrm{d}\tau \leqslant \int \widetilde{\Psi}^* H \widetilde{\Psi} \mathrm{d}\tau = \int \widetilde{\rho}(r)\mathrm{d}r + F_{\mathrm{HK}}[\widetilde{\rho}] = E[\widetilde{\rho}] \quad (2\text{-}13)$$

由此,H-K 定理 2 得证。

2.1.4 Kohn-Sham 方程

由于 $F_{\mathrm{HK}}[\rho]$ 的形式仍是未知的,虽然 H-K 定理表示可以通过对体系电荷密度的变分来获得体系的基态能量,但是其仍不能直接用于求解。因此,在实际求解电荷密度时,引入了 Kohn-Sham 方程,简称为 K-S 方程。其核心思想是,通过使用一个可以求解的、无相互作用的多电子能量泛函来代替那些在体系中原来存在的、有相互作用的泛函。同时,将其他不确定的部分都纳入交换关联泛函之中。具体地说,$F_{\mathrm{HK}}[\rho]$ 被细分为两个部分,第一部分是无相互作用的动能泛函,用 $T_s[\rho(r)]$ 表示;而第二部分是无法确定的交换关联能,用 $E_{\mathrm{xc}}[\rho(r)]$ 表示。这种方法不仅简化了问题,还将复杂的多体问题转换为更易于处理的单体问题,并进行严格的求解[197]。其中,电荷密度 $\rho(r)$ 表示为

$$\rho(r) = \sum_{i=1}^{N} |\Psi_i(r)|^2 \quad (2\text{-}14)$$

无相互作用的动能泛函用各个电子的动能之和来表示:

$$T_s[\rho(r)] = \sum_{i=1}^{N} \int \Psi_i^*(r)(-\nabla^2)\Psi_i(r)\mathrm{d}r \quad (2\text{-}15)$$

利用变分法,可以得到 K-S 方程:

$$\left\{-\frac{1}{2}\nabla^2 + V_{\mathrm{KS}}[\rho(r)]\right\}\Psi_i(r) = E_i\Psi_i(r) \quad (2\text{-}16)$$

其中,

$$V_{\mathrm{KS}}[\rho(r)] = V_{\mathrm{ext}}(r) + V_H[\rho(r)] + V_{\mathrm{XC}}[\rho(r)] = V_{\mathrm{ext}}(r) + \int \frac{\rho(r')}{|r-r'|}\mathrm{d}r' + \frac{\delta E_{\mathrm{xc}}[\rho]}{\delta \rho(r)} \quad (2\text{-}17)$$

由于 K-S 方程将具有相互作用的复杂部分全部包含在交换关联项 $E_{\mathrm{xc}}[\rho(r)]$ 之中,因此这一项的精确度对最后的计算结果尤为重要。当给定了交换关联项的表达式之后,利用迭代方法求解 K-S 方程得到电荷密度,并与试探电荷密度做差,如果误差在设置的阈值范围之内,则可以输出体系的相关信息,如本征值和波函数等,整个流程如图 2-1 所示。

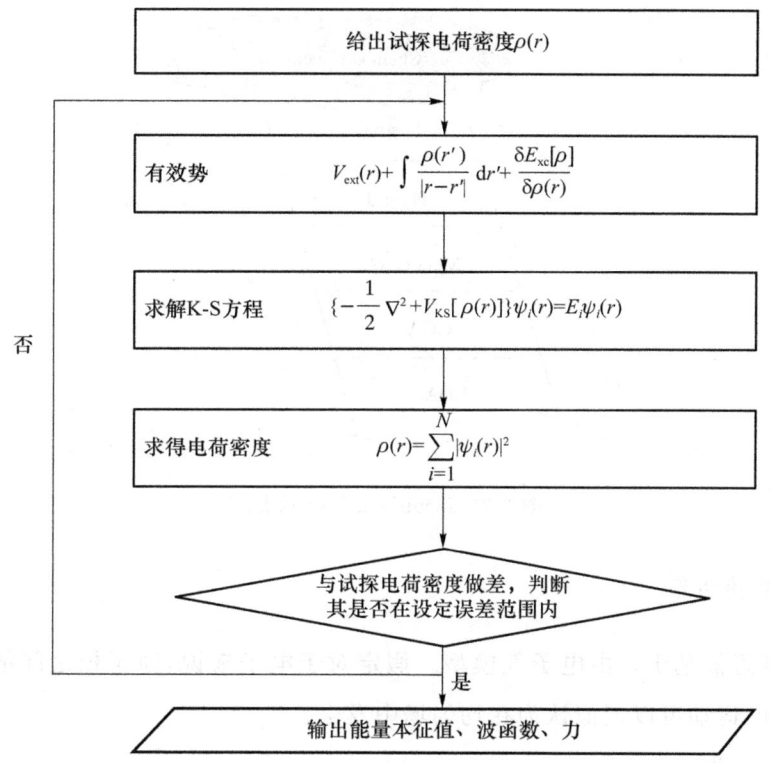

图 2-1 K-S方程迭代求解过程

2.1.5 交换关联泛函

根据 K-S 方程的求解过程，可以看到交换关联泛函的精确度在很大程度上决定了方程解的精确度，因此，获得准确且便于计算的交换关联泛函是目前的一大研究热点。基于目前发展的各类交换关联泛函的精确度，Jacob's ladder 的概念被提了出来，如图 2-2 所示。目前常见的基于局域密度近似(Local Density Approximation，LDA)[198]的泛函精确度是比较低的，在这个基础上发展起来的广义梯度近似（Generalized Gradient Approxiamtion，GGA)[199]的交换关联泛函则有着更高的精确度以及相对经济的计算量，因此是目前最受欢迎的方法之一。从图 2-2 中可以看到随着梯子的升高，出现了更多更加精确的方法，如 Meta-GGA[200]、杂化泛函[201]、随机相位近似（Random Phase Approxiamtion，RPM)[202]。同时，精确度提高的代价是更多的计算成本，因此在实际操作过程中，需要综合考量计算的精确度与成本，以选择合适的交换关联泛函。

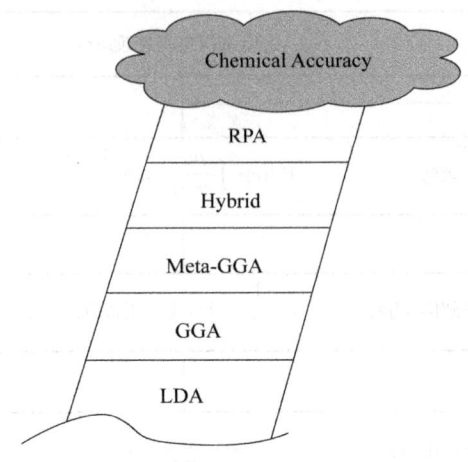

图 2-2 Jacob's ladder 示意图

1. 局域密度近似

局域密度近似基于自由电子气模型。假定对于电子来说,原子核之间的距离相对较远,那么电子的运动可以近似认为在均匀场中发生。

定义 $E_{xc}[\rho]$ 为

$$E_{xc}[\rho] = \int \rho(r) \varepsilon_{xc}(\rho) dr \tag{2-18}$$

其中,定义 $\varepsilon_{xc}(\rho)$ 为交换关联密度。进一步认为电荷密度变化较慢,则系统能量可以近似为当前电荷密度下的均匀电子气的交换关联泛函:

$$E_{xc}^{LDA}[\rho] = \int \rho(r) \varepsilon_{xc}^{h}[\rho(r)] dr \tag{2-19}$$

交换关联势为

$$V_{xc}^{LDA} = \frac{\delta E_{xc}[\rho]}{\delta \rho} = \varepsilon_{xc}^{h}[\rho(r)] + \rho(r) \frac{\delta \varepsilon_{xc}[\rho]}{\delta \rho} \tag{2-20}$$

在 LDA 近似下,不能有效描述电荷密度变化迅速的体系,因而常常会低估晶格常数,高估弹性常数和结合能等。

2. 广义梯度近似

GGA 在 LDA 的基础上引入了半局域化的修正。常见的 GGA 泛函有 Becke-Lee-Yang-Parr(BLYP)、Perdew-Becke-Ernerhof(PBE)、Perdew-Wang(PW91)等。在 GGA

框架下,电荷密度的局域变化用电荷密度的梯度来修正,其交换关联能表示为

$$E_{xc}^{GGA}[\rho] = \int \rho \varepsilon_{xc} F_{xc}[\rho(r), |\nabla \rho(r)|] dr \qquad (2\text{-}21)$$

其中,F_{xc} 称为增效函数,包含了非局域项对均匀电子气的修正。以 PBE 泛函为例,其交换能密度表示为

$$\varepsilon_x^{PBE} = \varepsilon_x(r_s) F_x(r_s, \zeta, s) = \varepsilon_x(1 + \kappa - \frac{\kappa}{1 + us^2/\kappa}) \qquad (2\text{-}22)$$

PBE 泛函使得 GGA 变得更加简单,因此在材料计算中被广泛使用。

由于 GGA 泛函考虑了梯度效应,因此,GGA 在计算的精确度上相对 LDA 而言有较大的提高,但是 GGA 存在过分修正的问题。需要注意的是,GGA 虽然有所改进,但是对于体系电子性质的计算,如带隙等,仍是偏低的。同时,GGA 仍不能很好地描述如范德瓦尔斯力这样的原程弱相互作用力。

3. 杂化泛函

由于上述泛函在处理电子结构时无法有效描述自关联项以及交换项,在预测体系的带隙上两者都存在较大的误差,因此引入了杂化泛函。在杂化泛函中,部分 Hartree-Fock 的精准交换关联势被纳入考量,结合体系原来的交换关联能,掺杂后得到的混合泛函交换关联能可以表示为

$$E_{xc}^{HF} = \alpha E_x^{HF} + (1-\alpha) E_x^{DFT} + E_c^{HF} \qquad (2\text{-}23)$$

其中,α 是参数,不同的泛函 α 取值不同。常见的杂化泛函有 HSE03、HSE06、PBE0、B3LYP 等。HSE06 是比较常见的杂化泛函之一,它有效地提高了对能带以及电子结构计算的精度,不过仍存在耗时长、效率低的问题。在 HSE06 中,交换项由未掺入精确交换势的长程和掺入精确交换势的短程组成,其混合泛函形式如下:

$$E_{xc}^{\omega HSE06} = \alpha E_x^{HF,SR}(\omega) + (1-\alpha) E_x^{PBE,SR}(\omega) + E_x^{PBE,LR}(\omega) + E_c^{PBE} \qquad (2\text{-}24)$$

2.1.6 密度泛函微扰理论

在许多情况下,对一个系统在外部扰动下的响应感兴趣,例如,在外部电场或声子振动下。密度泛函微扰理论(Density Functional Perturbation Theory,DFPT)就是为了计算这种响应而发展起来的。它可以用来计算声子频率、介电函数、压电系数等。DFPT 的

基本思想是在外部扰动下,系统的电荷密度会发生变化,这种变化被视为原始密度的一个微小扰动。通过线性响应理论,可以计算这个扰动对系统性质的影响[203]。

在 DFPT 框架内的线性响应式通过标准的微扰理论技术获得,其条件是 K-S 方程中的有效势依赖于基态电荷密度本身。其线性变化由以下表达式给出:

$$\delta v_{\text{eff}}(r) = \delta v_{\text{ext}}(r) + \delta v_{\text{ext}}(r) = \delta v_{\text{ext}}(r) + \int I(r,r')\delta n(r')\mathrm{d}r' \qquad (2\text{-}25)$$

$$I(r,r') = \frac{\delta v_{\text{scr}}(r)}{\delta n(r')} = \frac{\delta v_H(r)}{\delta n(r')} + \frac{\delta v_{\text{XC}}(r)}{\delta n(r')} = \frac{2}{|r-r'|} + \frac{\delta^2 E_{\text{xc}}}{\delta n(r)\delta n(r')} \qquad (2\text{-}26)$$

这导致了单粒子波函数的一阶变化:

$$\delta\psi_i(r) = \sum_{j(\neq i)} \frac{\langle j \mid \delta v_{\text{eff}} \mid i \rangle}{\varepsilon_i - \varepsilon_j}\psi_j(r) \qquad (2\text{-}27)$$

通过变量替换,可以得到

$$\delta n(r) = \sum_i f_i[\psi_i^*(r)\delta\psi_i(r) + \delta\psi_i^*(r)\psi_i(r)] = \sum_{i\neq j}\frac{f_i - f_j}{\varepsilon_i - \varepsilon_j}\langle j \mid \delta v_{\text{eff}} \mid i \rangle \psi_i^*(r)\psi_j(r) \qquad (2\text{-}28)$$

公式(2-26)与公式(2-28)可以通过自洽迭代求解。进一步地,可以得到 δn 和 δv_{eff} 之间的线性关系:

$$\delta n(r) = \int \chi_0(r,r')\delta v_{\text{eff}}(r')\mathrm{d}r' \qquad (2\text{-}29)$$

$$\chi_0(r,r') = \sum_{i\neq j}\frac{f_i - f_j}{\varepsilon_i - \varepsilon_j}\psi_i^*(r)\psi_j(r)\psi_j^*(r')\psi_i(r') \qquad (2\text{-}30)$$

其中,χ_0 代表非相互作用的 K-S 系统的电荷易感性。它仅仅由基态决定。在周期性系统的情况下,这正是众所周知的 Adler-Wiser 形式。尽管是通过微扰理论得到,但公式(2-30)是精确的,因此 K-S 方程描述的是非相互作用的电子。结合公式(2-26),可以得到:

$$\delta v_{\text{eff}} = \delta v_{\text{ext}} + I\chi_0 \delta v_{\text{eff}} \qquad (2\text{-}31)$$

由此可以解得:

$$\delta v_{\text{eff}} = [1 - I\chi_0]^{-1}\delta_{\text{ext}} = \varepsilon^{-1}\delta v_{\text{ext}} \qquad (2\text{-}32)$$

其中,$\varepsilon = 1 - I\chi_0$ 表示静态介电矩阵,描述了来自外部势的纯扰动的屏蔽效应。

因此问题就简化为求解 ε^{-1}。从历史上看,这是最先被探索的途径。然而,这些方程的直接应用有几个实际的缺点。它需要转换矩阵 $\varepsilon(r,r')$，对于周期性体系，最方便的方法就是在傅里叶空间中进行。这种反转成为这一方案最大的瓶颈，因为适当的收敛需要大量的傅里叶分量，会大大增加计算量。

2.2 晶体结构预测

2.2.1 结构搜索算法

在计算科学中，粒子群优化(Particle Swarm Optimization，PSO)是一种通过迭代来尝试改进候选解来优化问题，以达到给定的质量度量标准的计算方法[204]。它通过拥有一群候选解决方案(也被称为粒子)来解决问题。根据粒子的位置和速度，通过简单的数学公式在搜索空间中移动这些粒子。每个粒子的移动受已知的最佳位置的影响，同时也向搜索空间中的已知最佳位置靠近。当其他粒子找到更好的位置时，这些位置就会被更新。因此群体将会逐渐移向最佳解决方案。

PSO算法主要涉及两个方程，如下：

$$v_i^{t+1} = v_i^t + c_1 r_1 (\text{pbest}_i^t - p_i^t) + c_2 r_2 (\text{gbest}^t - p_i^t) \tag{2-33}$$

$$p_i^{t+1} = p_i^t + v_i^{t+1} \tag{2-34}$$

其中，公式(2-33)是速度方程，群体中的每个粒子使用计算出的个体与全局最佳解决方案的值以及当前位置来更新其速度。系数 c_1 和 c_2 表示个体与群体的加速因子，它们也被称为信任参数，c_1 模拟粒子对自己有多少信心，c_2 模拟粒子对其群体有多少信心。搭配上随机数 r_1 与 r_2，共同定义了粒子的认知与社交行为的随机效应。公式(2-34)是粒子位置方程，新的速度被计算出来时，粒子的位置就会更新。位置和速度的参数是相互依赖的，其依赖关系如图2-3所示。

通过上述原理与算法，可以得到PSO算法完整的执行步骤，如下：第一步，初始化算法常数；第二步，从解空间初始化解(获得位置和速度的初始值)；第三步，评估每个粒子的适应度；第四步，更新个体与全局最佳值(pbest 和 gbest)；第五步，更新每个粒子的位置和速度；第六步，返回第三步并重复，直到达到终止条件。具体流程如图2-4所示。

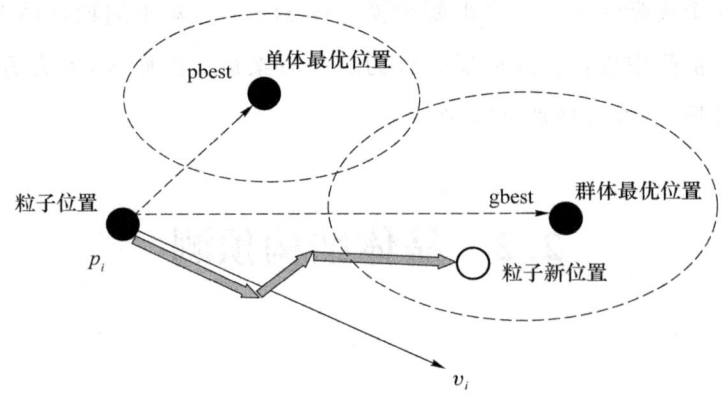

图 2-3 粒子位置和速度依赖关系示意图

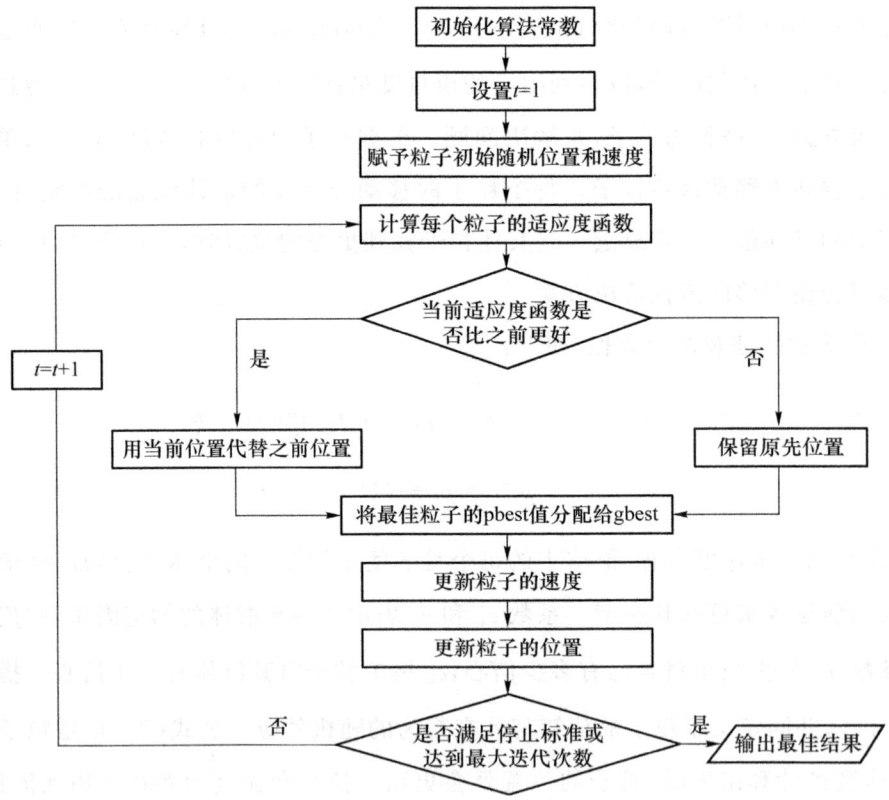

图 2-4 PSO 算法流程图

2.2.2 CALYPSO

CALYPSO(Crystal Structure Analysis by Particle Swarm Optimization)是一款基于

PSO算法的晶体结构预测软件[205]。该软件要求只需要给定化合物的化学成分即可在指定外部条件（如压力）下对稳定或亚稳定的结构进行预测，因此，CALYPSO软件包被广泛用于预测晶体结构以及设计功能材料的研究之中。其核心算法即为2.2.1节所介绍的PSO算法，其中的"粒子"即为晶体结构。为了实现高效的晶体结构预测搜索，CALYPSO在结合PSO算法的优势的同时也将晶体本身的结构特性纳入考量，这大大增加了结构预测的速度与可靠性。如预测时将结构的空间群纳入考量，可以有效减小了搜索空间的自由度，提高了搜索的效率；引入了成键特征矩阵展开基技术，利用该技术可以有效排除相似结构，并给出结构禁飞区域，对搜索空间进行了有效的划分；在预测结构的同时对结构进行局域优化，从而减少势能面上噪声的影响，产生优秀的初始结构。

在此，对这种预测二维材料结构的方法进行了简要的总结。通常，CALYPSO中用于晶体预测的PSO算法包含四个主要步骤：第一步，随机结构的生成，即根据初始设定的元素以及原子配比，软件随机产生相应数量的初始结构；第二步，对随机产生的结构进行局部优化，即通过对随机结构的优化来得到对应的能量；第三步，唯一局部最小值的识别，即通过对结构的优化找到最低能量结构；第四步，新结构的生成。

为了使其高效预测并降低结构设计和预测的计算成本，CALYPSO还集成了几种关键技术，包括结构演化、结构表征技术、对称约束和局部结构优化技术。近年来，CALYPSO已被广泛用于预测三维、二维和零维材料当中。到目前为止，CALYPSO已经发现了大量的功能块体材料，包括高能量密度锂电池[206-208]、超导体[209-211]、光伏[212-213]、电子学[214-215]、超硬[216-218]和地球深层物质[219-220]，并在各个领域取得了巨大成功。

2.3 超导理论与计算

超导电性由Onnes于1911年首次发现，针对该现象的理论也在之后几十年的时间里逐渐完善，形成了一个相对完整和令人满意的物理图像。超导电性具有两个基本的特征，分别是零电阻和完全抗磁性。最初的唯象理论，如伦敦方程，可以给出符合实验观测的相关推论，但是超导电性其物理核心仍是未知的[221]。直到BCS（Bardeen-Cooper-Schrieffer）理论被提出后才有了第一个对超导电性现象的微观解释。BCS理论指出，超导的微观机制是电子之间通过交换声子，从而绑定在一起形成两两配对的库珀对，其中声子是物体晶格振动的量子化形态。考虑到电子是费米子，因此，由两个电子组成的库珀对是玻色子。当温度降低至临界温度以下时，这些玻色子会发生玻色-爱因斯坦凝聚，形成宏观量子相干态，这种凝聚态中的库珀对能够集体运动，从而呈现出超导现象[222-223]。超导概念被提出之后，人们都致力于提高超导的临界温度。Eliashberg 在 BCS 理论的框架上构建了 Eliashberg 方程[224]，用于计算超导材料的临界温度，后通过 McMillan 的近似方法，得到了 McMillan 方程[225-227]，临界温度的求解因此更为方便。

2.3.1 BCS 理论

BCS 理论由 John Bardeen、Leon Copper 和 Robert Schrieffer 三人于 1957 年提出。BCS 理论认为，在低温下，两个电子之间存在一种吸引力，使得两个电子以某种方式结合成对，该过程会导致能量降低。由于 Leon Copper 在 1956 年就已经从理论上推导出了这样的电子对的形成和能量的降低，因此，这种电子对被称为库珀对。库珀对的形成过程的吸引力来自单个电子附近的晶体晶格的扭曲所形成的声子，因此声子在这里起到了至关重要的作用。Herbert Frohlich 和 John Bardeen 于 1950 年分别独立地为此现象提出了一个重要的基本观念，他们意识到电子的存在使得其周围环境中的晶体晶格发生了扭曲。由于电子-声子相互作用，穿过晶体晶格的电子被一个虚拟声子云所包围，这些声子被连续地发出和再吸收。库珀对的形成就是由两个电子之间的虚拟声子交换所引起的。如图 2-5 所示，一个具有波矢 k 的电子发射了一个虚拟声子 q，该声子被另一个波矢为 k' 的电子所吸收。由于该过程是虚拟的，因此不必保持能量守恒。当其中一个电子被穿过晶格的正屏蔽电荷包围时，电子之间的声子交换会导致吸引力，这会过度补偿负的基本电荷，随后另一个电子被净正电荷吸引。

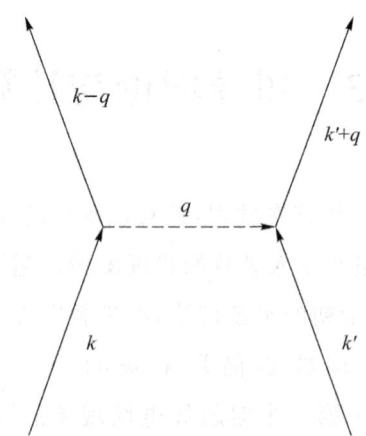

图 2-5 电子 k 与 k' 之间交换声子 q 的示意图

库珀对总是由两个具有相反本征角动量的电子组成，因此单个库珀对的总自旋为 0。在这种情况下，泡利原理是无效的，所有库珀对都可以占据相同的量子态。这种量子态用宏观量子力学波函数来描述,不过库珀对和宏观量子态的形成都被限制在费米面附近的某个小能量范围内。

二十世纪五十年代初,对所谓同位素效应的实验观察已经表明晶格在超导电性中的重要作用。在各种特殊生产的同位素纯超导金属中(铅、汞和锡),发现其临界温度和晶格原子质量 M 的平方根成反比。

$$T_c \sim 1/M^\alpha \tag{2-35}$$

其中,指数 $\alpha=0.5$。

BCS 理论的核心是费米能量下电子能谱中的能隙概念。在临界温度 T_c 以上,能隙消失,在 T_c 以下,随着温度的降低,能隙以某种方式增长并在 0 K 时达到最大值。该推论于 1960 年被 Ivar Giaever 利用隧穿实验得到了证明[228]。Ivar Giaever 通过超导电极和普通电极之间的电流流动直接证明了能隙:如果两个电极被一个薄的电绝缘屏障隔开,电流只能通过量子隧穿产生。在这种隧穿接触中,粒子的波函数延伸到屏障的另一侧。然而,如果在另一侧的超导体没有允许的能量状态,则隧道电流不能流动。只有当接触点两侧的电势差达到能隙时,电流才开始流动。Ivar Giaever 利用这种简单的电压和电流测试成功地确定了超导能隙,这样的超导体隧穿概念在后来变得非常重要。

2.3.2 计算方法

从 BCS 理论出发,可以对超导转变温度 T_c 进行初步理论上的求解。定义超导体系约化哈密顿量为

$$H_{\text{red}} = \sum_{k\sigma} \varepsilon_k c_{k\sigma}^\dagger c_{k\sigma} + \sum_{kk'} V_{k,k'} c_{k\uparrow}^\dagger c_{-k\downarrow}^\dagger c_{-k'\downarrow} c_{k'\uparrow} \tag{2-36}$$

其中,电子能量色散 ε_k 已经包含了由于库仑相互作用所产生的大部分效应。进一步假设在费米面附近具有明确定义的能量色散与准粒子。此时 BCS 方程可以表示为

$$\Delta_k = -\sum_{k'} V_{k,k'} \frac{\Delta_{k'}}{2E_{k'}} \tanh \frac{E_{k'}}{2T} \tag{2-37}$$

$$E_k = \sqrt{\varepsilon_k^2 + \Delta_k^2} \tag{2-38}$$

其中,E_k 是超导态下的准粒子能量,Δ_k 是 BCS 理论中使用的变分参数,$N(0)$ 是在化学势 E_F 处的正常态密度,并设它为 0。与能隙方程一起必须考虑的另一个方程是数量方程。

$$n = 1 - \frac{1}{N(0)} \sum_{k'} \frac{\varepsilon_k}{E_{k'}} \tanh \frac{E_{k'}}{2T} \tag{2-39}$$

给定一对势能和一个电荷密度的情况下，通常使用迭代的方法来求解这些方程，从而确定变分参数和化学势。在由正常态转变到超导态的过程中，通常超导体的化学势几乎没有变化，同时变分参数远小于化学势，因此公式(2-39)通常被忽略。BCS理论将配对相互作用描述为一个负的恒定势能 V，同时将其截断在动量空间的德拜能量 ω_D 处。

$$V_{k,k'} \approx -V\theta(\omega_D - |\varepsilon_k|)\theta(\omega_D - |\varepsilon_{k'}|) \tag{2-40}$$

将该势能代入公式(2-37)和公式(2-38)中，同时假定在积分范围内态密度恒定，可以得到：

$$\frac{1}{\lambda} = \int_0^{\omega_D} \frac{\tanh(E/2T)}{E} d\varepsilon \tag{2-41}$$

其中，$\lambda = N(0)V$。在 $T=0$ 时，该积分可积并可得到：

$$\Delta = 2\omega_D \frac{\exp(-1/\lambda)}{1-\exp(-1/\lambda)} \tag{2-42}$$

在接近临界温度时，BCS 方程表达为

$$\frac{1}{\lambda} = \int_0^{\omega_D/2T_c} \frac{\tanh x}{x} dx \tag{2-43}$$

公式(2-43)并非在任何耦合强度下都有解。考虑弱耦合，可以得到：

$$T_c = 1.13\omega_D \exp(-1/\lambda) \tag{2-44}$$

1. McMillan-Allen-Dynes 方程

由于 Eliashberg 理论的复杂性，实际应用中要准确求解还存在较大的困难，因此诞生了更为简单的 McMillan-Allen-Dynes 方程。该方程最早由 McMillan 通过近似解的方法简化 Eliashberg 方程得到，随后被 Allen 与 Dynes 进一步修正，扩充了其可以应用的范围。利用该方程，可以求得材料的超导转变温度 T_c 如下：

$$T_c = \frac{\omega_{\log}}{1.2k_B} \exp\left(\frac{-1.04(1+\lambda)}{\lambda - \mu^*(1+0.62\lambda)}\right) \tag{2-45}$$

其中，λ 为电声耦合常数，可以利用 DFPT 理论由下式得到：

$$\lambda = 2\int_0^\infty \frac{\alpha^2 F(\omega)}{\omega} d\omega \tag{2-46}$$

$\omega_{\log}$ 为代数平均声子频率，其表达式如下：

$$\omega_{\log} = \exp\left(\frac{2}{\lambda}\int \frac{\alpha^2 F(\omega)}{\omega}\ln(\omega)\mathrm{d}\omega\right) \tag{2-47}$$

可以看到,一旦知道 $\alpha^2 F(\omega)$ 的具体值,便可以求出 $\omega_{\log}$。u^* 称为 Morel-Anderdon 赝势,是电子的屏蔽库伦势。对于大多数常规超导体来说,u^* 为 $0.08\sim0.12$ 的经验值。

2. Migdal-Eliashberg 理论

由于原始 BCS 理论给出的超导转变温度的计算方法只适用于耦合较弱的情况,因此在实际的应用中存在较大的局限性。Migdal-Eliashberg 理论的提出在很大程度上改善了这个问题,使得在强耦合条件下的求解成为可能。Migdal-Eliashberg 理论涉及两个核心基本方程:

$$Z(k, i\omega_n) = 1 + \frac{\pi T}{N_F \omega_n}\sum_{k'n'}\frac{\omega'_n}{\sqrt{\omega_n^{'2} + \Delta^2(k', i\omega'_n)}}\lambda(k, k', n-n')\delta(\varepsilon_{k'}) \tag{2-48}$$

$$Z(k, i\omega_n)\Delta(k, i\omega_n) = \frac{\pi T}{N_F \omega_n}\sum_{k'n'}\frac{\Delta(k', i\omega'_n)}{\sqrt{\omega_n^{'2} + \Delta^2(k', i\omega'_n)}}[\lambda(k, k', n-n') - N_F V(k-k')]\delta(\varepsilon_{k'}) \tag{2-49}$$

其中,T 是绝对温度;Z 与 Δ 表示重整化函数与超导能隙;N_F 是费米面上的电子态密度;$\delta(\varepsilon_k)$ 为狄拉克函数,将能量的零点设置为费米面;k 表示符合波段指数和波矢;$i\omega_n = i(2n+1)\pi T$ 表示费米松原频率;$\lambda(k, k', n-n')$ 表示各向异性电声耦合矩阵,其具体表达式如下:

$$\lambda(k, k', n-n') = \int_0^\infty \frac{2\omega}{(\omega_n - \omega'_n)^2 + \omega^2}\alpha^2 F(k, k', \omega)\mathrm{d}\omega \tag{2-50}$$

$$\alpha^2 F(k, k', \omega) = N_F \sum_\nu |g_{\mathrm{mn},\nu}^{\mathrm{SE}}(k, q)|^2 \delta(\omega - \omega_{k-k',\nu}) \tag{2-51}$$

其中,$\alpha^2 F(k, k', \omega)$ 表示 Eliashberg 电声耦合谱函数,符号 $g_{kk'\nu}$ 是电声耦合矩阵元的缩写。

在确定了沿着实频率轴的重整化函数 $Z(k, \omega_n)$ 和超导能隙 $\Delta(k, \omega_n)$ 后,可以进一步通过确定格林函数的极点,得到超导态的准粒子能量,其中格林函数形式如下:

$$G(k, \omega) = \frac{\omega Z(k, \omega) + \varepsilon_k}{[\omega Z(k, \omega)]^2 - \varepsilon_k^2 - [Z(k, \omega)\Delta(k, \omega)]^2} \tag{2-52}$$

极值点 E_k 满足如下关系:

$$E_k^2 = \left[\frac{\varepsilon_k}{Z(k, E_k)}\right]^2 + \Delta^2(k, E_k) \tag{2-53}$$

2.4　Wannier 函数

对于周期性材料结构性质的计算，Bloch 函数提供了一个非常有效的解决手段，Bolch 函数的定义如下：

$$\Psi_{nk}(r) = u_{nk}(r) e^{ikr} \tag{2-54}$$

其中，$u_{nk}(r)$ 是与材料本身周期性相同的周期函数，r 表示在实空间中的晶格位置，k 表示布里渊区中的波矢，n 表示能带的数量；e^{ikr} 称为包络函数。在实际求解中，通常将目标待求的波函数用 Bloch 函数展开，并利用 Bloch 函数的周期性简化求解过程。

Bloch 函数虽然给了在处理周期性晶体场中电子行为的基本方法，但是一旦涉及电子的局域性质，Bloch 函数便往往不是最有效或最直观的方法。例如，在描述一个晶体费米面附近的电子性质时，其波函数的展开需要大量的 Bloch 函数，这种时候使用 Wannier 函数则显得更加灵活方便。Wannier 函数的定义[229]为

$$\omega_{nR}(r) = \frac{V}{(2\pi)^3} \int_{BZ} \left[\sum_m U_{mn}^{(k)} \psi_{mk}(r) \right] e^{-ikR} dk \tag{2-55}$$

其中，V 是原胞体积；BZ 表示积分沿着布里渊区进行；$U^{(k)}$ 表示酉矩阵，对每个 k 点的 Bloch 函数进行分配，$U^{(k)}$ 不是固定的，因此不同的 $U^{(k)}$ 会有不同空间位置的 Wannier 函数。同时可以定义 Wannier 函数的展宽 Ω：

$$\Omega = \sum_n \left\{ [\omega_{n0}(r) | r^2 | \omega_{n0}(r)] - |[\omega_{n0}(r) | r | \omega_{n0}(r)]|^2 \right\} \tag{2-56}$$

总的展宽可以分解为规范不变量 Ω_I 和依赖 $U^{(k)}$ 选择的 $\widetilde{\Omega}$，其中 $\widetilde{\Omega}$ 可以进一步分解为对角线项和非对角线项，记作 Ω_D 和 Ω_{OD}，

$$\Omega = \Omega_I + \widetilde{\Omega} = \Omega_I + \Omega_D + \Omega_{OD} \tag{2-57}$$

$$\Omega_I = \sum_n \left[\langle \omega_{n0}(r) | r^2 | \omega_{n0}(r) \rangle - \sum_{Rm} |\langle \omega_{nR}(r) | r | \omega_{n0}(r) \rangle|^2 \right] \tag{2-58}$$

$$\Omega_D = \sum_n \sum_{R \neq 0} |\langle \omega_{nR}(r) | r | \omega_{n0}(r) \rangle|^2 \tag{2-59}$$

$$\Omega_{OD} = \sum_{m \neq n} \sum_R |\langle \omega_{nR}(r) | r | \omega_{n0}(r) \rangle|^2 \tag{2-60}$$

根据 Wannier 函数的定义可以看到 Wannier 函数是局域化的，这意味着 Wannier 函

数在空间上只在一个小的区域内有显著的非零值。这种局域性使得 Wannier 函数特别适合描述那些与电子的局域性质有关的现象。同时，Wannier 函数是构建紧束缚模型的自然基础。紧束缚模型是一个描述电子在晶格上跳跃的简化模型，可以用来解释和预测许多物理性质，如超导、拓扑、磁性和热输运等。此外，根据 Wannier 函数与 Bloch 函数之间的关系，可以在第一性原理计算中通过 Bloch 函数的计算来构建 Wannier 函数，这为从第一性原理计算得到的复杂电子结构提供了一个更简单、更直观的描述。这种描述可以用来构建更简化的模型，从而更高效地计算各种物性。

2.5 Boltzmann 输运方程

Boltzmann 输运方程（Boltamann Transport Equation，BTE）是一个描述粒子（如电子、声子或其他准粒子）在非平衡状态下的统计行为的方程[230]。它是统计物理学中的一个基础方程，用于描述粒子分布函数随时间和空间的变化。BTE 的一般形式为

$$\frac{\partial f}{\partial t}+v\times\nabla f+F\times\nabla_v f=Q(f,f) \tag{2-61}$$

其中，$f(r,v,t)$ 是粒子的分布函数，描述的是在时间 t、位置 r 和速度 v 上的粒子密度；F 是作用在粒子上的外部力；$Q(f,f)$ 是碰撞项，描述了粒子之间的相互作用导致的分布函数的变化。在许多情况下，为了简化问题，通常使用"弛豫时间近似"，将其中的碰撞项简化为与分布函数的偏离平衡态的程度成比例的项。BTE 在许多物理和工程问题中都有应用，例如，在气体动力学中，BTE 用来描述气体分子的运动和相互作用；在半导体物理中，BTE 可以描述电子和空穴在半导体中的运动和散射；在热输运方向，BTE 描述了热量如何通过固体传输，特别是在纳米尺度上。解 BTE 可能会非常复杂，尤其是对于复杂的系统和相互作用，但是它提供了一个强大的框架用于理解与预测非平衡系统的行为。

2.5.1 电子热导率

通过求解电子 BTE 方程，可以得到电导张量（$\sigma^{\alpha\beta}$）以及电子热导率张量（$\kappa_e^{\alpha\beta}$），其各自的表达式[231]如下：

$$\sigma^{\alpha\beta}=L_{\mathrm{EE}}^{\alpha\beta} \tag{2-62}$$

$$\kappa_e^{\alpha\beta}=-\left(L_{\mathrm{TT}}^{\alpha\beta}-\frac{L_{\mathrm{TE}}^{\alpha\beta}L_{\mathrm{ET}}^{\alpha\beta}}{L_{\mathrm{EE}}^{\alpha\beta}}\right) \tag{2-63}$$

$$L_{\text{EE}}^{\alpha\beta} = -\frac{e^2 n_s}{N_k V} \sum_{ik} \frac{\partial f_{ik}^0}{\partial \varepsilon_{ik}} v_{ik}^\alpha v_{ik}^\beta \tau_{ik}^{ep} \qquad (2-64)$$

$$L_{\text{ET}}^{\alpha\beta} = -\frac{e n_s}{N_k V T} \sum_{ik} (\varepsilon_{ik} - \mu) \frac{\partial f_{ik}^0}{\partial \varepsilon_{ik}} v_{ik}^\alpha v_{ik}^\beta \tau_{ik}^{ep} \qquad (2-65)$$

$$L_{\text{TE}}^{\alpha\beta} = -\frac{e n_s}{N_k V} \sum_{ik} (\varepsilon_{ik} - \mu) \frac{\partial f_{ik}^0}{\partial \varepsilon_{ik}} v_{ik}^\alpha v_{ik}^\beta \tau_{ik}^{ep} \qquad (2-66)$$

$$L_{\text{TT}}^{\alpha\beta} = -\frac{n_s}{N_k V T} \sum_{ik} (\varepsilon_{ik} - \mu)^2 \frac{\partial f_{ik}^0}{\partial \varepsilon_{ik}} v_{ik}^\alpha v_{ik}^\beta \tau_{ik}^{ep} \qquad (2-67)$$

其中，e 表示元电荷，n_s 表示每个允许态中的电子数量，V 表示原胞的体积，N_k 表示在第一布里渊区撒点的 k 点数量，T 表示温度，f_{ik}^0 表示电子分布函数，$v_{ik} = \frac{1}{\hbar}\frac{\partial \varepsilon_{ik}}{\partial k}$ 表示电子速度，α 和 β 表示不同方向的分量，μ 表示化学势，τ_{ik}^{ep} 表示电子弛豫时间。

2.5.2 声子热导率

结合傅里叶热传导定律求解 BTE，可以给出声子热导率张量（$\kappa_p^{\alpha\beta}$）的表达式[231]如下：

$$\kappa_p^{\alpha\beta} = \frac{1}{N_q} \sum_\lambda c_\lambda v_{\lambda,\alpha} v_{\lambda,\beta} \tau_\lambda^p \qquad (2-68)$$

其中，α 和 β 分别表示笛卡儿坐标的两个取向；N_q 表示在第一布里渊区撒点的 q 点数量；$c_\lambda = (\hbar\omega_\lambda/V)(\partial n_\lambda^0/\partial T)$ 表示单位体积热容，n_λ^0 表示 Bose-Einstein 分布函数，V 表示单胞体积；v_λ 表示声子群速度；τ_λ^p 表示声子的弛豫时间；$v_{\lambda,\alpha} = \partial \omega_\lambda/\partial q_\alpha$。

2.6 第一性原理计算软件包简介

1. VASP

VASP(Vienna An Initio Simulation Package) 是一款被广泛使用的电子结构计算软件，由维也纳大学 Hafner 小组开发，主要基于密度泛函理论进行计算[232]。它可以用于解决固态问题、凝聚态物理和材料科学中的各种问题。VASP 使用平面波基组进行计算，同时用赝势方法处理核与电子之间的相互作用，最常用有投影缀加波（Projected Augmented Wave，PAW）赝势。VASP 可以计算材料电子性质，如能带结构、态密度和费米面等，同时也可以优化晶体结构，计算振动频率，模拟分子动力学轨迹，计算介电常数，自旋轨道耦合等。此外，VASP 也常被用于计算材料的表界面性质和缺陷。VASP 支持并行计算，可以在多核和多节点的高性能计算服务器上运行，是目前较受欢迎的第一性原理计算软件之一。

2. QE

Quantum Espresso（QE）是一个被广泛使用的开源第一性原理计算软件包[233]。与 VASP 类似，QE 也是基于密度泛函理论进行计算，并使用平面波基组和赝势方法。与 VASP 不同，QE 是开源软件，遵循 GNU General Public License（GPL），用户可以免费下载、使用和修改。同时它还支持 Ultrasoft 赝势和 Norm-conserving 赝势。另外，QE 采用模块化设计，且提供了一系列的计算模块，如 PW 用于电子结构计算、PH 用于声子计算、CP 用于分子动力学计算等。QE 的模块化设计使其更易于扩展和自定义，是进行第一性原理计算的优秀选择之一。

3. Wannier90

Wannier90 是一个用于计算最大局域化 Wannier 函数（Macimally-Localised Wannier Functions，MLWF）的工具[234]。这些 Wannier 函数提供了一个在实空间中描述电子态的方法，最大局域化 Wannier 函数是其一种特殊形式，且被构造为在某种意义上尽可能地局域化。结合 Wannier 函数的优势，Wannier90 可以对实空间的电子结构信息，如化学键合、电子传输等，进行有效地计算和分析。同时，Wannier90 可以与其他第一性原理计算软件和模型哈密顿量工具集成，如 VASP、Quantum、ABINIT 等，使其成为多种计算的有用补充。

4. EPW

EPW（Electron-Phonon Wannier）是一个用于计算电子-声子相互作用和相关性质的软件包[235-236]。它是 QE 和 Wannier90 的扩展，专门用于处理电子-声子耦合问题。EPW 使用第一性原理方法计算电子-声子相互作用，可以决定体系很多物理性质，如超导性、热电性质等。EPW 利用 Wannier 函数来描述电子态，为计算提供了一个高效且直观的框架。EPW 可以计算电子-声子耦合常数、声子线宽、由电子-声子相互作用引起的热电效应，也可以利用 Eliashberg 理论计算超导转变温度，还可以被用来评估费米面的嵌套性。这对于计算如磁性、超导性这类的物理性质是非常关键的。

第3章 二元碳硒材料

狄拉克锥和范霍夫奇点(Van Hove Singularity，VHS)的共存作为近年在 Lieb 晶格结构和扭曲石墨烯超晶格材料中备受关注的电子能带结构的显著特征，为实现和驱动材料结构相关的电子态(如超导和拓扑态)提供了理想的平台。在本章中，通过 CALYPSO 晶体结构预测方法对碳—硒组分的化合物进行了系统而又全面的预测，并发现了一系列不同组分的碳硒化合物单层结构(C_4Se、C_5Se 和 C_6Se)。结合第一性原理计算和 BCS 理论，研究了这些单层结构的电子性质和超导特性。计算结果表明，C_4Se 和 C_5Se 都具有狄拉克锥和范霍夫奇点共存的特征，且 C_4Se 单层具有本征的超导特性，而 C_5Se 单层则通过 p 型掺杂调控后具有超导特性，它们的超导临界温度分别可以达到 11.6 K 和 11.2 K，超过了多数的二维材料。此外，预测得到的 C_6Se 单层是一个具有 0.17 eV 能隙的窄带隙半导体。当通过应力调控使其带隙闭合后，其结构转变为具有狄拉克锥形态且伴随着表面态的拓扑绝缘体。这些发现表明了富碳硒二维晶体在研究独特能带结构和物理特性方面具有很大的潜力，为增加对二维新型材料的了解提供了有效途径。

3.1 引 言

石墨烯作为一种典型的二维材料，自 2004 年从石墨中剥离出来以来，一直备受人们关注[7]。这项开创性的工作不仅为发现其他二维晶体提供了有效的途径，而且在应用方面为具有奇异物理现象和性质的二维材料开拓了广阔的前景[237-238]。除了优异的机械性能外，石墨烯独特的狄拉克锥带结构还引发了一些特殊的性能，如高载流子迁移率[239]、无质量狄拉克费米子[15]以及高导热性[11]。然而，石墨烯本身并不具备超导特性。有趣的是，石墨烯的超导特性可以通过掺杂[240]、插层[241-243]和多层扭转[244]方式来实现，而这些方式的共同特性之一就是使其能带结构中的费米能级接近范霍夫奇点。这主要是由于靠近费米能级附近的范霍夫奇点使系统固有的容易受到费米表面电子不稳定性的影响[245-246]，对电子结构来说通常被认为是一个小的扰动，这样的扰动会对其电子特性产生积极影响(电荷、自旋、磁化率),从而引发一些新颖的性质,如磁性[247]、超导性[248]和拓扑特性[249]等。

近年来,在 Lieb 晶格材料的电子能带结构中发现了狄拉克锥和范霍夫奇点共存的有趣现象[250-252]。这种独特的能带特性为实现相关电子态(如超导和拓扑非平凡态)提供了一个令人兴奋的平台。例如,最近在 Lieb 晶格和扭曲石墨烯中观察到的非常规超导和 Z_2 拓扑表面态[158,253-255]。这些显著的现象都可以归因于这些结构在费米能级附近的特殊电子能带结构,而这种特性驱动了结构向涌现相(emergent phases)的转变,例如,超导和/或拓扑非平凡态。然而,已知具有狄拉克锥和范霍夫奇点共存的能带结构特征的材料非常有限,特别是在二维晶体材料中。因此,为了研究与材料结构相关的奇异电子态(即超导性、拓扑态),设计和寻找具有这种能带结构的二维晶体是至关重要的。在这方面,富碳二维复合单层材料可能是有希望的候选者,原因有以下几个方面:首先,富碳的二维晶体有很大可能继承石墨烯的狄拉克锥电子特征,而在化合物中包含其他元素可能会增强费米表面附近的电子态密度,从而形成范霍夫奇点的特性;其次,富含碳元素的材料有可能通过与高频声子耦合而表现出超导性,这种耦合是由于碳的强键和较轻的质量引起的,从而能够产生强电子-声子矩阵元[256-261];最后,当把第 V 主族~第 VI 主族元素(即 Se,Te,Sb,Bi)加入体系中时,富碳材料具有拓扑状态的可能性。Se 作为硫族化合物之一,在二维硒化物中得到了广泛的研究[262-265]。基于以上原因,最终选择对碳和硒两种元素进行不同配比的预测和研究。

因此,第 3 章的研究重点是预测基于碳和硒的二维富碳单层结构。通过大量的理论计算和模拟,确定了三种具有优异的热稳定性和动态稳定性的富碳二维晶体(C_4Se,C_5Se 和 C_6Se)。其中,第一性原理计算结果表明,C_4Se 和 C_5Se 的能带结构都表现出狄拉克锥和范霍夫奇点共存的特征,类似于 Lieb 晶格和扭曲石墨烯结构中的电子能带,这种特征有利于诱导超导。进一步计算和模拟结果表明,C_4Se 单层表现出本征超导态,而 C_5Se 单层则表现出零带隙半金属态,但是通过 p 型空穴掺杂调控手段可以使其达到超导态。除此之外,对于 C_6Se 单层结构,当在临界压缩应变下,其表现出应变诱导拓扑状态的转变。当前的研究结果为实现狄拉克和范霍夫奇点能带结构以及与之相关奇异特性提供了一个理想的二维材料研究平台。

3.2 计算细节

3.2.1 结构搜索

通过基于进化算法中基于粒子群优化算法的晶体结构预测软件 CALYPSO 来对碳和硒两种元素进行二维结构预测，从中寻找最低能量的碳硒化合物的二维晶体结构[47,266-267]。首先，通过分析与讨论选择了对富碳硒化合物 C_xSe（x 为 1~6 的整数）的六种配比的结构进行预测；其次，针对每一种配比，又考虑分别进行了 1 倍胞、2 倍胞和 4 倍胞的组分划分；最后，对每种不同胞设定进行 35 代结构寻找迭代且每代包含 30 个结构，以涵盖大部分可能存在结构的情况，大大地增加预测结果的多样性和准确率。结构预测的第一步，建立具有一定对称性的随机结构，其中原子坐标由晶体对称操作生成。通过利用 VASP 代码[268]的共轭梯度法[269]对随机产生的结构进行局域优化，当吉布斯自由能变化小于 1×10^{-5} eV/cell 时停止优化。在对第一代结构进行处理后，通过粒子群算法选择 60% 的吉布斯自由能较低的结构构建下一代的新结构，其余 40% 的结构是随机生成的。通过将成键特征矩阵的结构以指纹技术应用于生成的结构中，严格禁止了重复产生相同的结构，从而提高结构的多样性，这对结构全局搜索效率至关重要。在大多数情况下，每次计算的结构搜索模拟在生成 1 000~1 200 个结构后停止。结构预测完成后，针对每一个配比下的每一种胞中得到的大量结构，通过加大精度优化得到每个配比组分的最低能量结构，并将其作为满足最终要求的结构。

3.2.2 密度泛函理论计算

通过对结构搜索得到各个组分的最低能量结构，并利用 VASP 代码进行基于密度泛函理论（DFT）的从头计算[268]。采用标量相对论的 PAW[270]并同时结合 Perdew-Burkeerz-Erhof（PBE）的广义梯度近似（GGA）作为交换关联泛函[269]，为了避免传统 PBE 计算方法低估带隙，在计算能带中具有带隙的结构时采用 Heyd-Scuseria-Ernzerhof（HSE06）杂化泛函来进行计算[201]。设置平面波的截断能为 600 eV，布里渊区采样采用 k 点密度为 $2\pi\times0.02$ Å^{-1} 的以 Γ 为中心的 MonkhorstPack 网格[233,271]，而能量和力收敛阈值分别为 10^{-8} eV 和 10^{-3} eV/Å。

在 QE[233,272] 中实现的 DFPT[273] 被用于计算电子-声子耦合和超导性。声子计算使用来自标准固态赝势(SSSP)库[274]的 GGA 的 PBEsol 形式进行,设定平面波截断能为 80 Ry 的能量收敛阈值和 800 Ry 的电荷密度收敛阈值。静态计算时的 k 点网格设置为 $32\times32\times1$,而计算声子时的 q 点网格设置为 $16\times16\times1$,以满足计算结果精度的标准。

3.3 结果与讨论

3.3.1 晶体结构

为了确定是否存在潜在稳定的 C—Se 化学组分组成的二维晶体结构,采用第一性原理计算和粒子群优化算法的结构搜索来探索不同晶胞尺寸和褶皱厚度的 C_xSe(x 为 1～6 的整数)的稳定二维晶体结构。通过这一方法,首先成功地预测到了已经报道过的 $P3m1$ 空间群的 CSe 结构和 PC_6 型的 P-3 空间群的 C_6Se 结构[275],从而证明了这种方法的有效性和可靠性。此外,又找到并确定了三种未曾报道过的低能量的稳定结构 C_4Se、C_5Se 和 C_6Se,如图 3-1(a)～(c)所示,黑色和绿色的球分别代表 C 原子和 Se 原子。预测得到的 C_4Se、C_5Se 和 C_6Se 单层分别是空间群为 $Pmm2$ 的正交晶系结构、空间群为 $P31m$ 的三方晶系结构和空间群为 $P2_12_12$ 的正交晶系结构。值得注意的是,预测得到的空间群为 $P2_12_12$ 的 C_6Se 结构和已经报道过的 PC_6 型的空间群为 P-3 的 C_6Se 结构的能量非常接近,而 Springer 等[276]已经对其进行了报道和讨论。鉴于此,对于该配比的结构,本书主要讨论了 $P2_12_12$ 的 C_6Se 构型。

由图 3-1(a)所示,C_4Se 单层的结构呈现出一种独特的构型,其中所有的 C 原子都是 sp^2 杂化的双配位,沿 b 方向形成多联苯单元,每个 Se 原子与苯环单元上的两个 C 原子相连,形成 sp^3 杂化,满足化学八隅体规则。所得到的结构由交替的聚联苯单元和锯齿形非成键的 Se 链组成,最近邻的两个 Se 原子之间的 Se—Se 距离为 2.56 Å,超出了 Se—Se 键长的范围。相比于 C_4Se 单层,单层 C_5Se 的基本结构单元则是由五个 C 原子和一个 Se 原子组成的六边形,其中每个 Se 原子与 C 原子三配位并由三个六边形所共享。与 C_4Se 和 C_5Se 相比,C_6Se 具有由五边形和六边形组成的复杂构型。每个 Se 被四个 C 原子包围,构成两组对角线五边形和六边形结构。在这些所有结构中,它们的 C—C 键长的平均值与石墨烯几乎相同(1.42 Å),而 C—Se 键的长度略大于 CS 单层中 C—S 键的长度(1.87 Å)[275,277]。为了揭示这三个单层结构的成键特性,计算了它们的电子局域函数,如图 3-1(d)～(f)所示。计算结果表明，在这些结构中，相邻的 C 原子之间以及 C 和 Se 原子之间的化学键都是共价键。值得注意的是，每个 Se 原子都有一个非成键的孤电子对。由于原子成键和排列在 a 和 b 方向上的变化，其电子性质和机械性能可能表现出方向性。

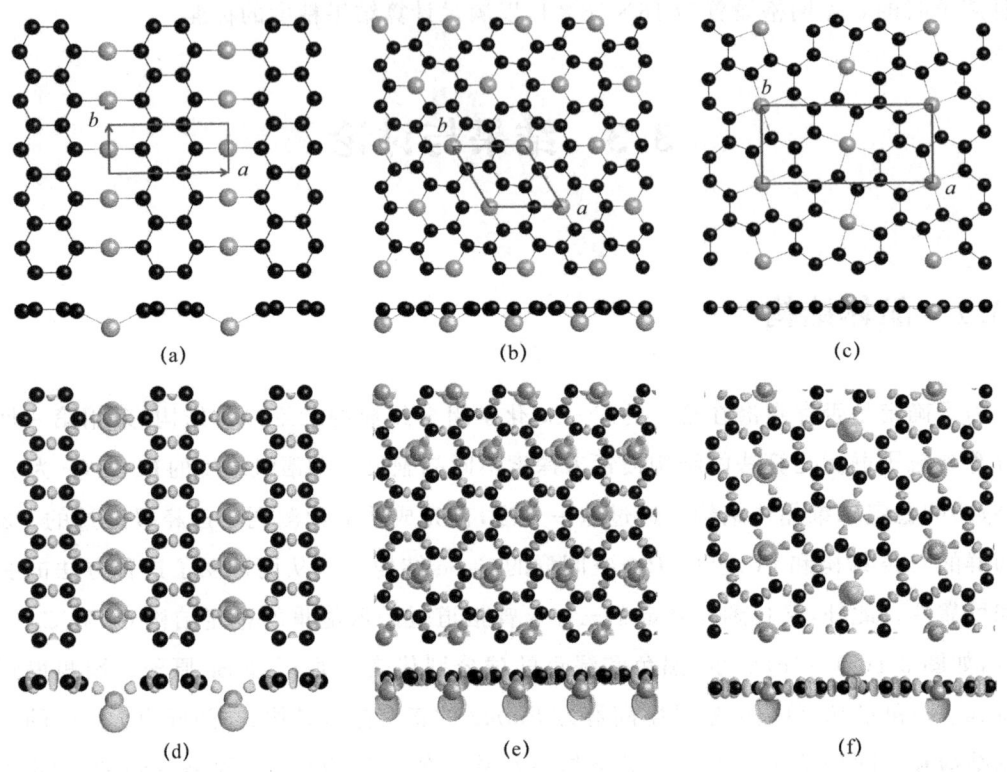

(a)～(c) 三个最低能量结构 $Pmm2$-C_4Se、$P31m$-C_5Se 和 $P2_12_12$-C_6Se 的俯视图和侧视图；

(d)～(f) 电子函数图，等面值了为 0.83 a.u.。

图 3-1 结构和电子局域密度图

彩图 3-1

3.3.2 结构稳定性

为了评估这些 C—Se 单层是否能够稳定存在，接下来计算各个原子结构的形成能并构建能量凸包图来进行研究，如图 3-2(a) 所示，蓝色实心圆圈符号表示已经报道过的 $P3m1$-CSe 和 P-3 C_6Se 单层结构，红色实心星状符号表示预测得到的 $Pmm2$-C_4Se、$P31m$-C_5Se 和 $P2_12_12$-C_6Se 单层结构。根据结合能公式(3-1)分别计算得到了三种化合物单层结构的结合能，定量结果表明 C_4Se 为 6.40 eV/原子，C_5Se 为 6.43 eV/原子，C_6Se 为 6.54 eV/原子，这些值均高于一些典型的二维合成材料，如磷烯(3.30 eV/原子)[278]和二维 MoS_2(5.15 eV/原子)[279]，与 BC_3(6.86 eV/原子)[48]和 PC_6 单层(6.98 eV/原子)[53]相当。这些计算结果表明，C_4Se、C_5Se 和 C_6Se 单分子膜具有优异的热稳定性，有很大可能被实验合成并在实际中应用。

$$E_{\text{coh}} = (E_{\text{C}_x\text{Se}} - xE_{\text{C}} - E_{\text{Se}})/(x+1) \tag{3-1}$$

与此同时,为了验证了这三个单层结构的动力学稳定性,也计算了它们的声子色散曲线,如图 3-2(b)~(d)所示,可知这三个单层结构的声子色散曲线中不存在任何虚频振动模,从而验证了它们都是动力学稳定的。声子投影带分析表明,三个单层结构的声子低频拉伸模式与 Se 和 C 原子之间的强耦合有关,而高频模式主要来自 C 原子的振动。此外,三个单分子膜的最高振动频率分别达到了 1 452 cm^{-1}、1 416 cm^{-1} 和 1 563 cm^{-1},这与 BC$_3$ 单层(1 450 cm^{-1})[280]、C$_3$S 单层(1 455 cm^{-1})[281] 和 PC$_6$ 单层(1 529 cm^{-1})[53] 的最高振动频率接近,表明这些单分子膜中 C 原子之间存在较强的化学键。

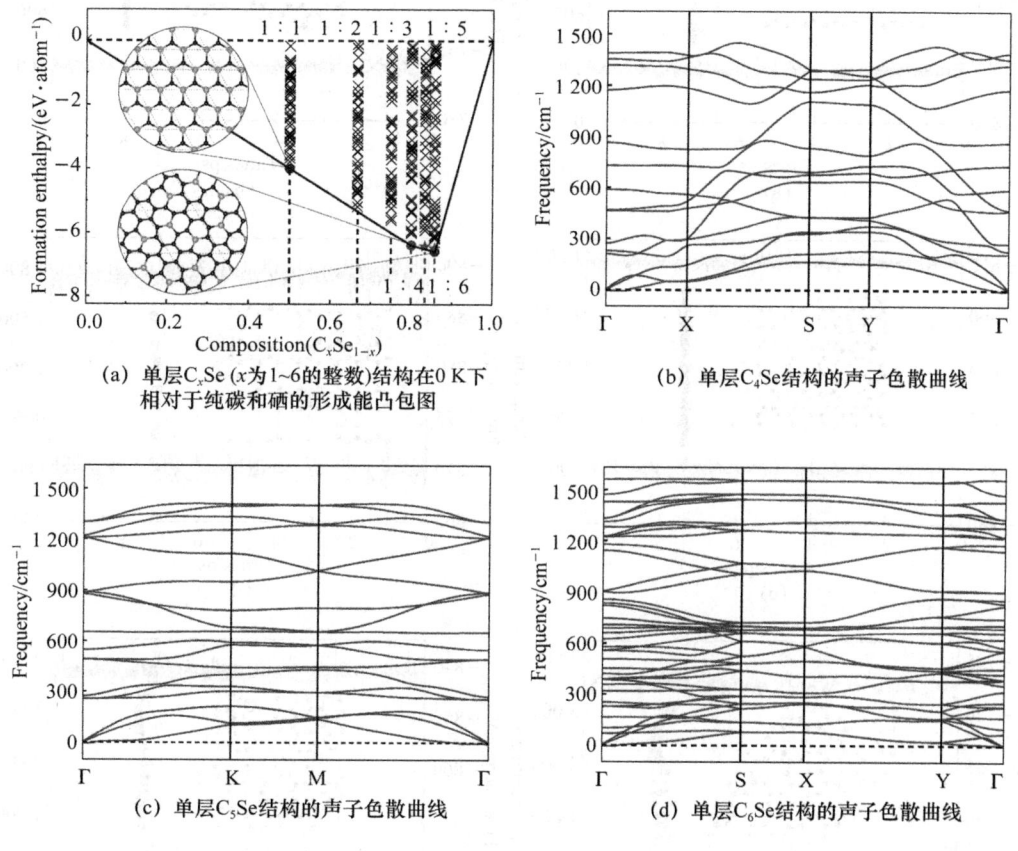

图 3-2 碳硒化物的凸包图和最低能量结构的声子色散曲线

通过从头算分子动力学(AIMD)模拟,可以分析出所预测的低能量碳硒结构在有限温度下的结构稳定性,如图 3-3 所示。针对三个单层结构,分别采用了 4×10×1、4×4×1 和 4×6×1 的超胞进行模拟计算,相应的模拟温度分别设置为 300 K、600 K、900 K 和 1 200 K,时间步长设置为 1 fs,总时长设置为 10 ps。模拟结果表明,这三个单层结构在室温下都能够保持其结构的完整性,没有发生明显的变形,如图 3-3(a)～(c)中的插图所示,因此在室温下它们都表现出良好的热力学稳定性。随着在不同温度下的模拟计算,可以发现 C_4Se 结构最高可以在 600 K 时保持结构完整性,如图 3-3(d)所示;C_5Se 和 C_6Se 结构则可以在 1 200 K 时保持结构稳定性,如图 3-3(e)～(f)所示。这些模拟结果表明,这些单层结构在较高的温度下仍然是热力学稳定的,尤其是 C_5Se 和 C_6Se 结构,它们都能够在很高的温度环境中保持结构稳定性。

彩图 3-3

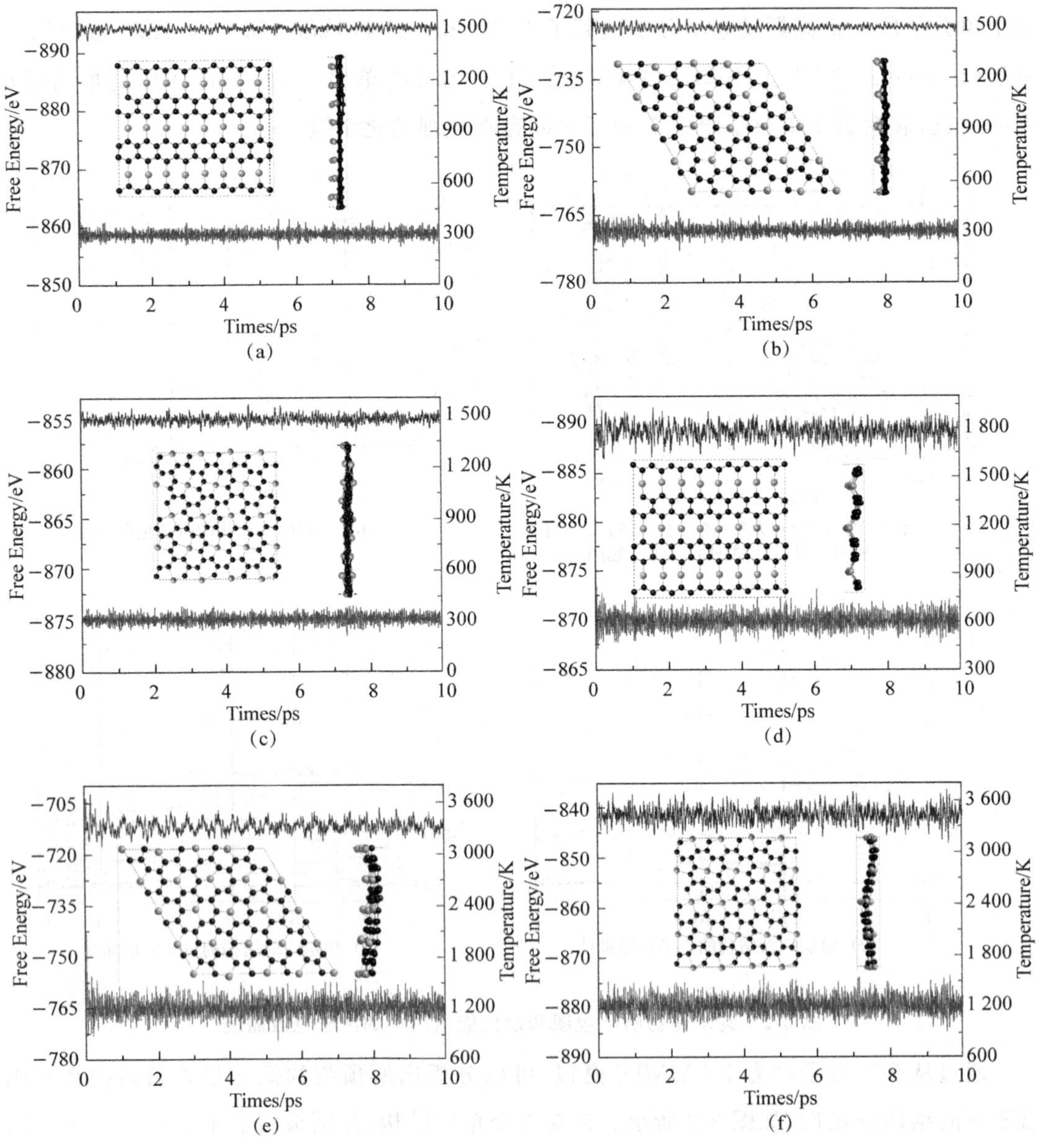

图 3-3 单分子结构 C_4Se、C_5Se 和 C_6Se 分别在室温环境和高温环境下的自由能和温度随分子动力学模拟时间步长的波动

除了对几种结构的动力学和热力学稳定性进行验证,还验证了 C_4Se、C_5Se 和 C_6Se 单层材料的力学稳定性。通过采用标准的 Voigt 标记法,计算了三个结构的面内能量随应力的变化。所得到的弹性常数均满足 Born-Huang 标准,即 $C_{11} > |C_{12}| > 0$,$C_{66} > 0$ 和 $C_{11}C_{22} - C_{12}^2 > 0$,这表明所有结构都是机械稳定的。进而通过弹性常数结果求解得到了相关的杨氏模量和泊松比,如图 3-4 所示,其中 $\theta = 0$,相对于 a 轴方向。由图 3-4 可知,C_4Se 和 C_6Se 两个结构表现出各向异性,而 C_5Se 结构则是各向同性,且它们都表现出较强的机械刚度。

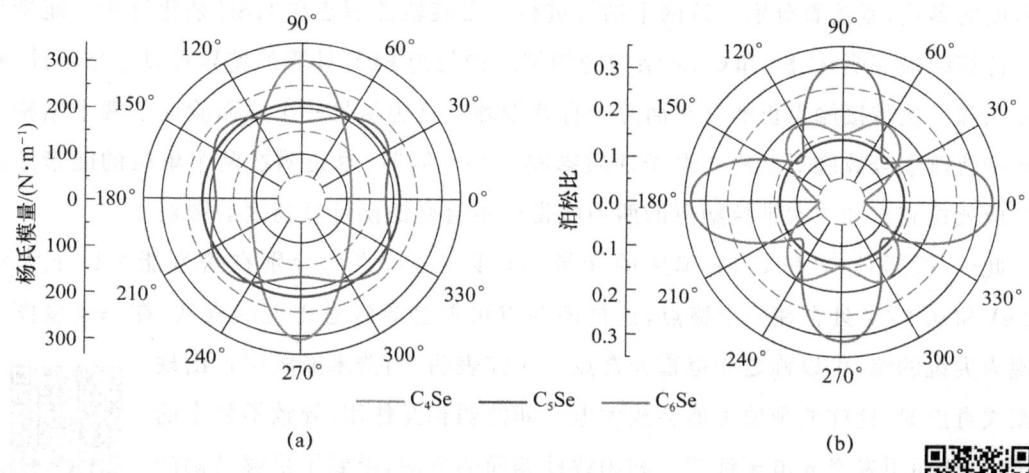

图 3-4 单层 C_xSe ($x=4,5,6$) 结构在不同方向上的杨氏模量和泊松比

彩图 3-4

3.3.3 电子性质

通过对三个单层结构的电子性质计算得到了它们的电子能带,但基于 C_6Se 单层结构能带的特殊性,在这里首先讨论了 C_4Se 和 C_5Se 结构的能带特性,如图 3-5(a)~(b) 所示。对于 C_4Se 结构来说,它有两条能带跨过了费米能级(红线和蓝线),具有固有的金属丰度,这也被沿高对称路径的费米表面分布所证实,如图 3-5(a) 中的插图所示。值得注意的是,这两条线性能带在布里渊区中沿着 S-X 和 Y-Γ 两条路径分别形成了两个狄拉克点,它们位于费米能级以下,大约在 1.2 eV 处。与 C_4Se 单层中观察到的双锥特征不同,C_5Se 结构的能带在费米能级上有一个二次带接触点,如图 3-5(b) 所示,类似于石墨烯的狄拉克点,但又与其不同,因为它由一个单锥和位于费米能级附近的近平带组成。这个二次带接触点精确地位于费米能级上,表明该结构是具有零带隙的半金属特性。这种能带结构与 Lieb 晶格的能带比较相似,而且费米能级附近的平坦能带特征也符合扭转石墨烯中的能带特征,这些非凡的能带结构对晶体结构的性质具有重要意义。

如图 3-5(c)~(d)所示,给出了 C_4Se 和 C_5Se 单层的完整三维能带色散图,从中可以清楚地看到其独特的能带特性。为了进一步了解能带中各个元素轨道的组成成分,这里详细地列出了两种结构中各个元素以及元素中的各个轨道的能带分解图,如图 3-6 所示。从中可以看出,C_4Se 结构在费米能级附近主要是由 C 原子和 Se 原子共同贡献,且在组成的狄拉克锥范围内主要是由 C 原子的 p_z 轨道贡献;而在 C_5Se 结构中,其费米能级附近主要由 C 原子的 p_z 轨道贡献。从这个角度分析可知两个结构的原子贡献有所不同。为了验证两个结构中的狄拉克点和二次带接触点是否会受到自旋轨道耦合或者 PBE 泛函计算精度的影响,紧接着分别对这两个结构进行了自旋轨道耦合和 HSE 杂化泛函的能带计算。计算结果表明,C_4Se 和 C_5Se 结构的能带结构与纯 PBE 计算的差异可以忽略不计,狄拉克点和二次带接触点仍然存在而并未打开带隙。这也从另一个方面验证了两个结构中的自旋轨道耦合效应对结构的电子性质影响较小。同时,也说明在两个单层的能带结构中形成狄拉克点和二次带接触点的两条能带也不会受泛函计算精度的影响。

此外,根据 C_4Se 和 C_5Se 单层的能带图可以看到,它们分别在费米能级以下大约 1.2 eV 和 0.1 eV 处存在一个鞍点,这样的鞍点可能会导致态密度的发散,在态密度图中表现为尖锐的峰,可以称之为范霍夫奇点。研究表明,当费米能级附近出现范霍夫奇点时,这样的现象可能会放大电子间的弱相互作用,导致不稳定的电子态,从而引发奇异电子性质。利用线性四面体方法,得到了足够精确的投影态密度(PDOS),如图 3-5(e)~(f)所示。从态密度图中可以看出,首先,在费米能级附近的贡献主要来自 C 的 p 轨道,和能带的计算结果一致。其次,在和能带中鞍点出现的同样位置上有一个态密度值的突变现象,因此产生了一个尖锐的峰,且被确定为范霍夫奇点。值得注意的是,特别是对于 C_5Se 结构来说,由于范霍夫奇点离费米能级非常近,使得结构本身更容易受到费米表面电子态不稳定性的影响,有极大的可能产生一系列不寻常的物理现象。

彩图 3-5

彩图 3-6

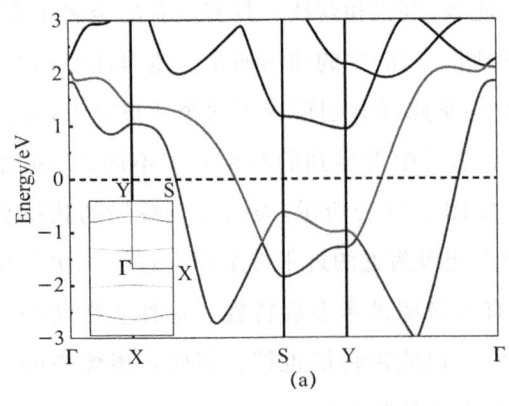

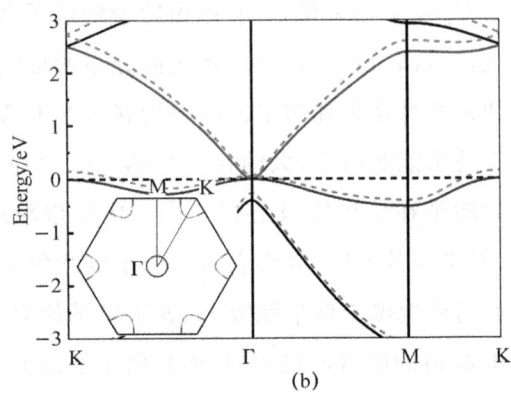

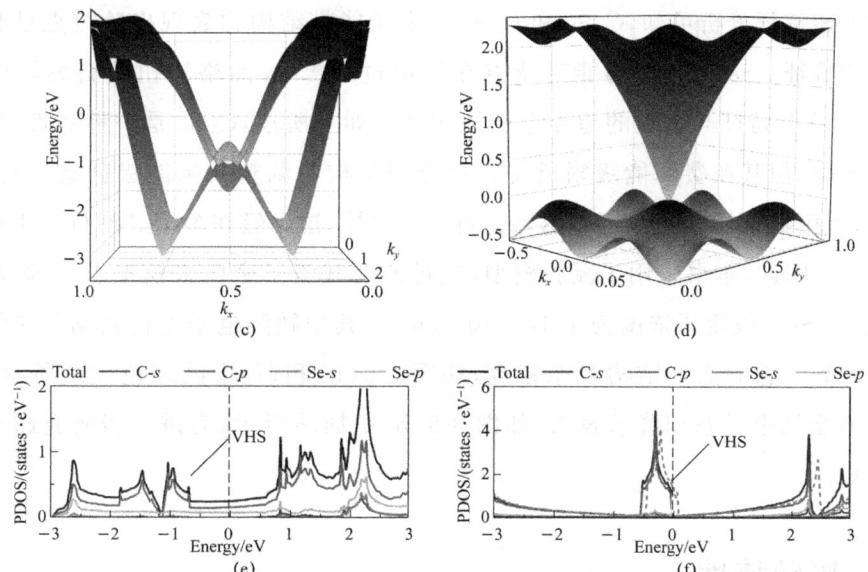

(a) C_4Se 单层的电子能带结构，图中插图为 C_4Se 结构的二维费米面；
(b) 初始 C_5Se 单层（实线）和 p 型掺杂的 C_5Se 单层（虚线）的电子能带结构，
图中插图为 C_5Se 结构的二维费米面；(c)~(d) C_4Se 和 C_5Se 单层的三维
能带结构色散图；(e)~(f) C_4Se 和 C_5Se 结构的总态密度和分波态密度图。

图 3-5　C_4Se 和 C_5Se 结构的三维能带图和分波态密度图

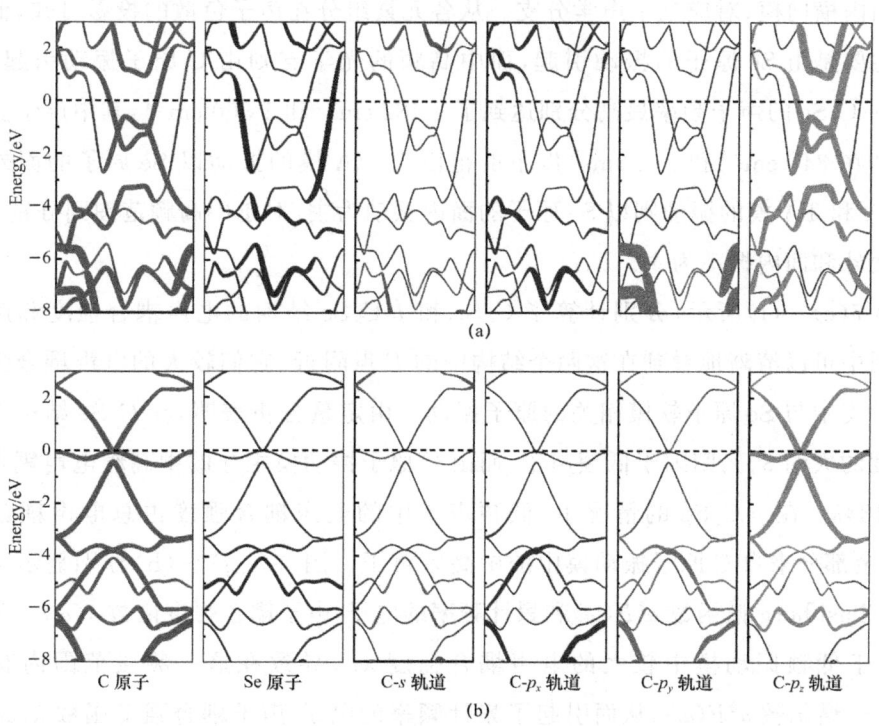

图 3-6　C_4Se 和 C_5Se 单层的原子分解和轨道能带分解图

通过上述特征分析可知，C_4Se 和 C_5Se 的电子能带结构均表现出狄拉克锥和范霍夫奇点共存的特征。这种类似的能带特点在报道过的 Lieb 晶格和扭曲石墨烯中也出现了[253,282-284]，这些特征与有趣的超导态密切相关。如上所述，C_5Se 是一种零带隙半金属，没有费米表面，但其在费米能级附近奇特的能带结构为调整费米能级创造了有利条件。众所周知，利用掺杂调控手段可以诱导材料的超导性，这已经在多个二维材料中得到了证明[243,285-287]。因此，本书采用了凝胶模型，通过改变载流子密度来模拟了 p 型掺杂 C_5Se（标记为 p-C_5Se），载流子浓度为 1.12×10^{14} cm^{-2}，其中缺陷电子电荷被均匀中性背景抵消。接着计算了它的能带结构和态密度，如图 3-5(b) 和 (f) 中的绿色虚线所示，证实了 p-C_5Se 具有金属电子态和费米表面，如图 3-5(b) 中插图所示，为进一步研究超导性提供了有效途径。

3.3.4 超导特性

通过对上述两个单层结构电子性质进行分析，确定并探究了 C_4Se 和 p-C_5Se 结构的声子色散和相关的电-声耦合性质，从而进一步评估了这两种构型潜在的超导特性。如图 3-7(a) 和 (b) 所示，图中的 ZA、LA 和 TA 分别代表 C_4Se 和 p-C_5Se 结构的面外、面内纵向和面内横向模，对应三个声学分支。从各元素组分在声子色散的投影可知，低频的声学分支主要是由 Se 原子的振动引起，而中高频的光学支则由 C 原子振动引起。同时，C_4Se 和 p-C_5Se 的声子频率最高分别达到了 1 482 cm^{-1} 和 1 360 cm^{-1}，其中声学支部分的频率分别在 341 cm^{-1} 和 214 cm^{-1} 以下的范围内，ZA 模的振动以 Se 原子的面外振动为主，而 LA 和 TA 模的振动则以 Se 原子的面内振动为主，对于中高频范围则分别主要以 C 原子的面外和面内振动为主。

图 3-7(c)~(f) 所示，分别计算了 C_4Se 和 p-C_5Se 结构的电声耦合强度和声子态密度。从图中可以清晰地看到在这两个结构中的 Γ 点附近，它们较大的电声耦合强度主要源于声学支中与 Se 原子软模相关的原子振动。由定量分析表明，在 C_4Se 结构中总电声耦合强度的大约 82% 归因于低频声子，而由 C 原子振动模主导的中高频电声耦合强度占剩余的 18%。在 p-C_5Se 的情况下，低频声子中的电声耦合强度占总电声耦合强度的 68%，其余部分来自 C 原子振动模中的中高频声子。图 3-7(g)~(h) 分别显示了两个结构中的 Eliashberg 谱函数 $\alpha^2F(\omega)$ 和累计频率的电子-声子耦合强度函数 $\lambda(\omega)$。从中可以看出，由于低频振动模中较大的电声耦合强度 $\lambda_{q\nu}$，导致在这一频段范围内有较高的 Eliashberg 谱函数 $\alpha^2F(\omega)$，从而引起了累计频率的电子-声子耦合强度函数 $\lambda(\omega)$ 的急剧升高。相比之下，中高频范围内的电声耦合强度可以忽略不计。

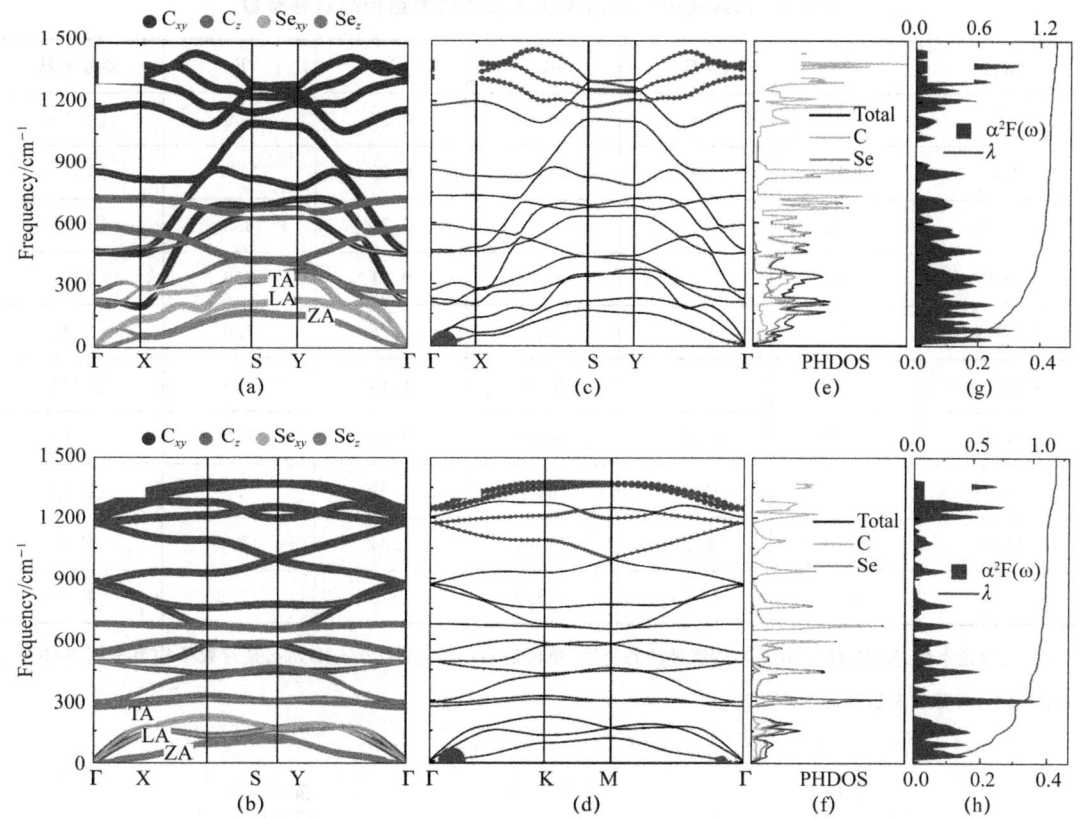

(a)~(b) C_4Se 和 p-C_5Se 结构的声子色散曲线以及不同原子组分对相应振动模的贡献；

(c)~(d) 电声耦合常数 λ_{qv}，红色圈表示电声耦合强度；(e)~(f) 声子态密度；

(g)~(h) Eliashberg 谱函数 $\alpha^2F(\omega)$ 和累计频率的电子-声子耦合强度函数 $\lambda(\omega)$。

图 3-7 C_4Se 和 p-C_5Se 结构的超导相关物理量图示

利用有效屏蔽库伦排斥常数 μ^*、Eliashberg 谱函数 $\alpha^2F(\omega)$ 和电声耦合常数 λ 的特定值，可以得到 C_4Se 和 p-C_5Se 的对数平均频率 $\omega_{\log}$ 和超导临界温度 T_c。表 3-1 中列出了相应的超导参数，并与一些已知的本征超导体的超导参数进行比较。由于库伦常数是一个经验值，因此，根据不同的取值会得到不同的超导临界温度，在这里选取的库伦常数的范围是 0.06~0.15，根据这些值分别求得 C_4Se 结构的本征超导临界温度范围是 9.6~13.2 K，而 p-C_5Se 的超导临界温度范围为 8.9~12.9 K，如图 3-8 所示。值得注意的是，这些值超过了大多数二维超导体。这些发现有力地表明，将 Se 原子和 C 原子结合，组成的富碳化合物可以诱导超导性，这也突出了硒掺杂碳材料在这方面的潜力。

表 3-1　已报道的二维结构和本书所研究结构的超导参数

结构	μ^*	$N(E_F)$	$\omega_{\log}$	λ	T_c	参考文献
LiC_6	0.14	—	—	0.55	5.9	[154]
B_2C	0.10	—	314.8	0.92	19.2	[167]
C_6CaC_6	0.21	—	—	0.71	6.8	[157]
$2H\text{-}NbSe_2$	0.16	—	189.2	0.91	7.8	[288]
$SnNbSe_2$	0.10	1.58	72.6	1.28	7.0	[289]
Cu-BHT	0.10	—	51.8	1.16	4.4	[290]
Mo_2B_2	0.10	16.02	344.8	0.49	3.9	[101]
W_2B_2	0.10	12.46	232.4	0.69	7.8	[291]
C_4Se	0.10	8.15	117.1	1.31	11.6	本书
C_5Se	0.10	14.31	133.9	1.13	11.2	本书

注：μ^* 是库伦常数，$N(E_F)$ 代表在费米能级处的态密度（单位是 states/spin/Ry/cell），$\omega_{\log}$ 是对数平均声子频率（K），λ 是电声耦合常数以及超导临界温度 T_c。

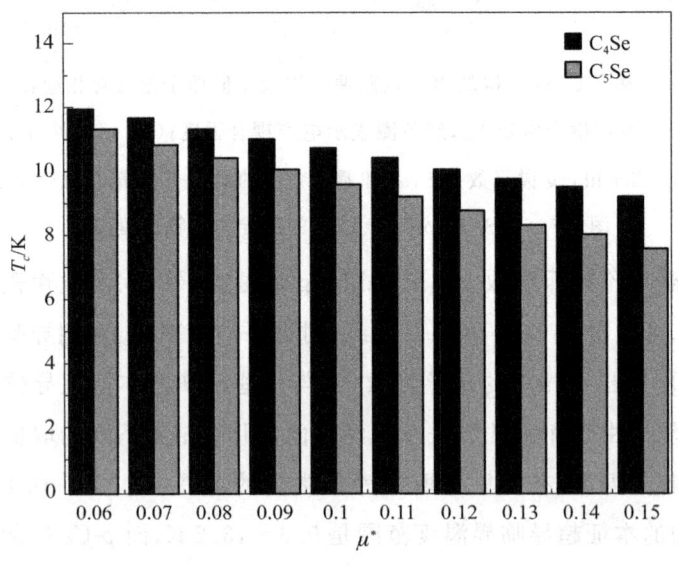

图 3-8　C_4Se 和 $p\text{-}C_5Se$ 单层的超导临界温度 T_c 随库伦常数 μ^* 的变化

C_4Se 和 C_5Se 中狄拉克点和范霍夫奇点共存的独特电子行为，以及由此驱动体系超导的特性为二维新型功能性材料的设计和研究提供了一个独特的视角。先前的研究表明，当对石墨烯进行掺杂调控至其范霍夫奇点靠近费米能级附近时，强烈的电子-电子相互作用可能导致手性超导。这再次证明了费米能级附近的范霍夫奇点为超导性的出现起着至关重要的作用,为二维轻元素超导材料的发展提供了思路,为二维超导领域的进一步发展奠定了基础。

3.3.5 拓扑特性

众所周知,石墨烯作为狄拉克材料,具有非平凡的拓扑能带结构,这是其固有的能带特性所决定的。单层 C_6Se 结构在 PBE 泛函下的能带结构和态密度如图 3-9(a)所示,可以看出,其能带在高对称点 Y 附近的费米能级处形成了一个狄拉克点,它属于一种半金属性质的结构,这与石墨烯的能带较为相似。有意思的是,形成狄拉克点的两条能带在狄拉克点的左侧简并为一条能带,而在右侧劈裂为两条能带。此外,由分波态密度可知该结构在费米能级处主要由 p 轨道贡献,为了更详细地了解能带的轨道组成,本书计算了 C_6Se 结构的原子投影和轨道投影能带结构。图 3-9(b)和(c)所示的结果表明,在费米能量附近存在 4 个完全解耦的能带,这些能带主要来自 4 个 C-p_z 轨道。据先前研究结果所知,对于半导体或零带隙的结构而言,传统的 PBE 泛函在理论上会低估能带结构的带隙,因此为了探究该结构能带图中的狄拉克点是否会受不同泛函的影响,采用 HSE06 的杂化泛函对其能带进行了精确的计算,结果如图 3-9(d)所示,计算的能带结果表明了单层 C_6Se 结构是一个直接带隙的半导体,其价带顶和导带底均在高对称 Y 点右侧的同一位置,具有 0.17 eV 的窄带隙。然后对 C_6Se 结构进行拓扑性质计算发现,此时的结构本身并不具备拓扑特性。

彩图 3-9

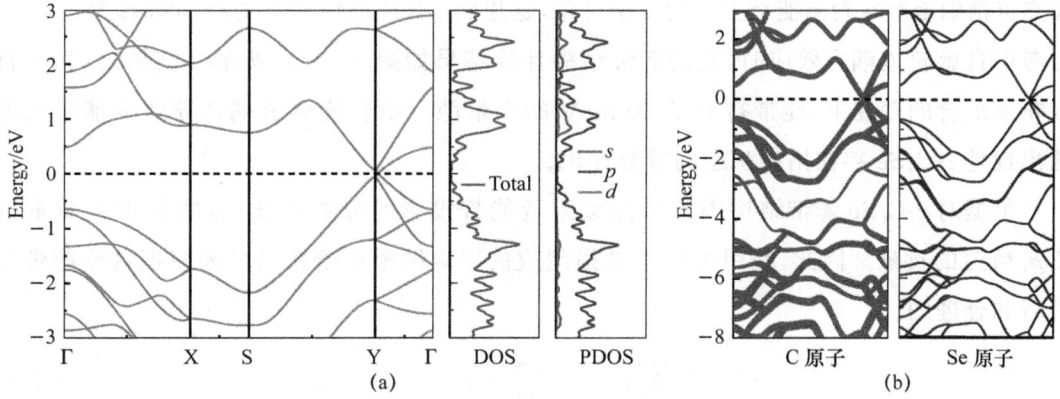

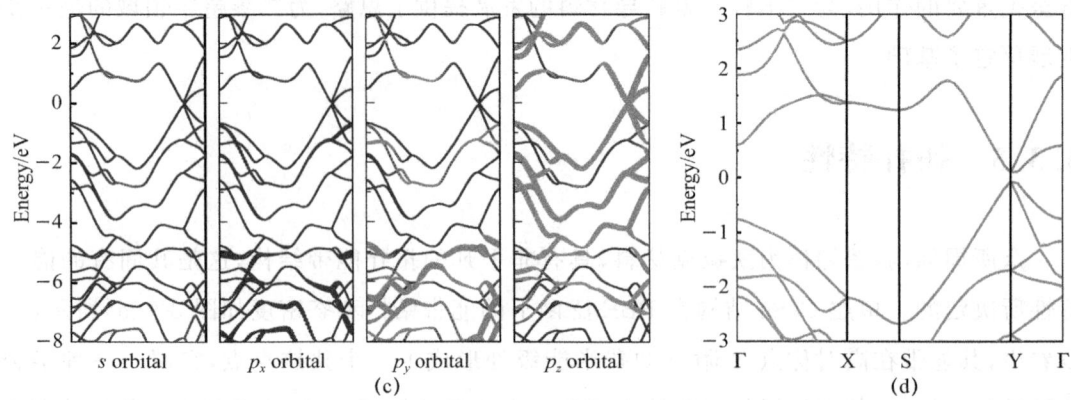

(a) 单层 C_6Se 在 PBE 泛函下的电子能带结构、总态密度和分波态密度；

(b)～(c) 在 PBE 泛函下的 C_6Se 结构的原子投影和轨道投影能带结构；

(d) 利用 HSE06 杂化泛函计算的 C_6Se 的电子能带结构。

图 3-9 单层 C_6Se 分别在 PBE 和 HSE 泛函下的能带结构

关于外界扰动（如应变、掺杂、压力和温度）对半导体性能的影响已经有大量的研究，调整半导体材料的电子特性对其在纳米电子器件中的应用至关重要。此外，最近的许多研究证明了半导体的能隙对外部应变、压力、电场和化学掺杂有敏感的依赖性。在本研究中，C_6Se 的带隙大小仅为 0.17 eV，因此易于调谐以实现带隙闭合。在这里通过双轴压缩应力对 C_6Se 结构进行调控，每次的压缩量为初始的 1%。根据多次调控和能带的计算结果发现，当压缩应力达到 9% 时，单层 C_6Se 在利用杂化泛函计算的结果表明其能带结构的带隙为零，而在这个临界应力作用下，具有带隙的半导体转变为狄拉克半金属态，且狄拉克点精确地落在费米能级上。为便于讨论，这里将 9% 压缩应变下的结构命名为 c-C_6Se。当考虑自旋轨道耦合效应时，它的能带结构计算结果如图 3-10(a) 所示。结果表明，在自旋轨道耦合的存在下，能带打开了 20 meV 的小带隙。由自旋轨道耦合导致的能带间隙的出现是 c-C_6Se 存在拓扑状态的重要标识。

根据对 c-C_6Se 能带结构中费米能级附近能带投影的分析可知，这些能带主要来自 C-p_z 轨道的贡献。因此，利用由 C-p_z 轨道组成的紧束缚模型哈密顿量来模拟这些能带是可行和合理的。

$$H = U\sum c_i^\dagger c_i + \sum (t_{ij} c_i^\dagger c_j + \text{H.c.}) \tag{3-2}$$

其中，U 代表原位能量，$c_i^\dagger$ 和 c_i 分别代表在第 i 个 C-p_z 轨道上的产生和湮灭算符，t_{ij} 是第 i 个和第 j 个轨道之间的跳跃积分。由于所有的轨道都是 C-p_z 轨道，因此在紧束缚模型中将所有的原位能都设置为 0 eV。根据紧束缚模型，构建了最大局域化的 wannier 函数并拟合了费米面附件的能带，如图 3-10(b) 所示。可以看出，它与密度泛函理论计算得到的能带符合得很好。接着,由于在结构中保持了时间反演对称性,为了确定 c-C_6Se 的拓扑性质,计算了其 Z_2 不变量。$Z_2=1$ 的计算结果表明了 c-C_6Se 具有非平凡带拓扑性,因此 c-C_6Se 名义上是二维拓扑绝缘体。然而,考虑到 c-C_6Se 中的 SOC 弱得可以忽略不计,除了在极低温度下,几乎可以将其视为半金属相。值得注意的是,拓扑结构的一个显著特征是鲁棒性的表面态或边缘态的存在,因此,可以通过切割 c-C_6Se 单分子层来制造一维纳米带来计算它的边缘态。接着分别计算了 c-C_6Se 在 x 方向和 y 方向上的边缘态,图 3-10(c)～(d)显示,纳米带的边缘态表现出与取向无关的无间隙特征,这与拓扑不变量计算的结果一致。

彩图 3-10

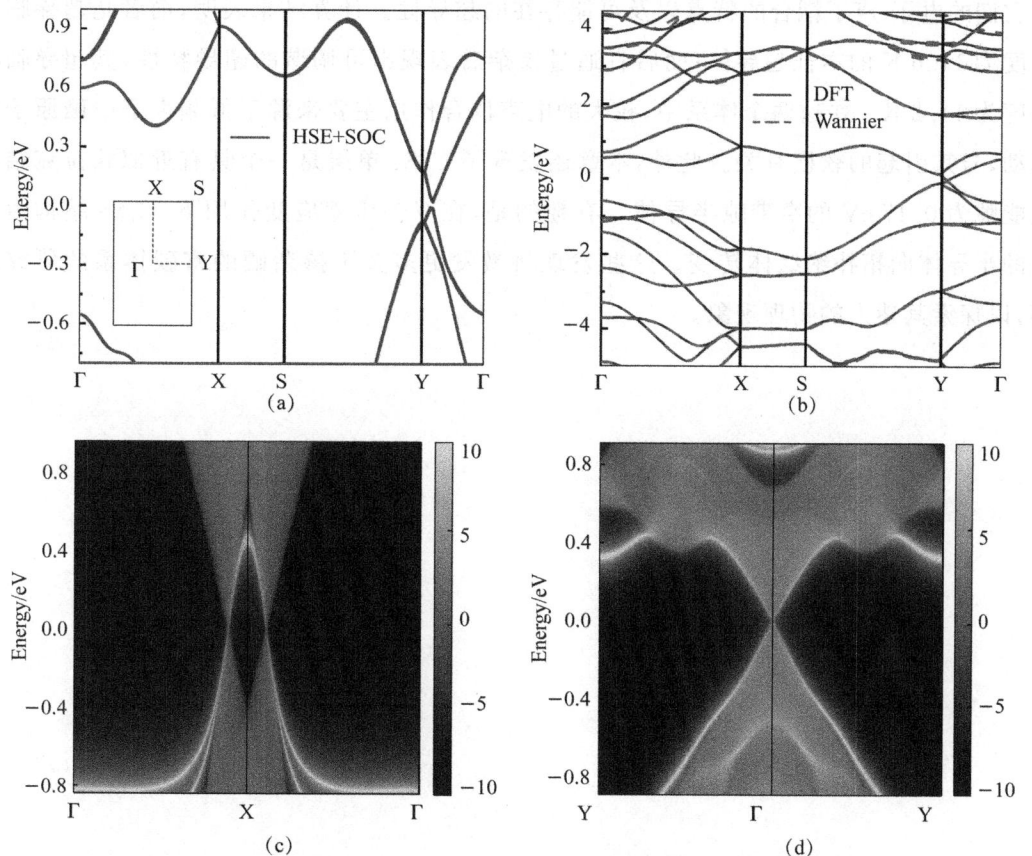

(a) c-C_6Se 结构分别在自旋轨道耦合和杂化泛函下的电子能带结构;
(b) 在密度泛函理论计算的能带结构(蓝色)以及在紧束缚模型下 wannier
拟合的能带结构(红色);(c)～(d) 在 x 和 y 方向上的边缘态。

图 3-10 c—C_6Se 结构的能带和边缘态

3.4 本章小结

本章利用密度泛函理论结合粒子群优化算法的结构搜索方法对预测得到的三个二维富碳硒化物 $C_x Se$ ($x=4,5,6$) 单层的晶体结构、稳定性、电子性质、超导特性以及拓扑性质进行了详细的研究。其中，$C_4 Se$ 和 $C_5 Se$ 单层具有明显的狄拉克锥和范霍夫奇点共存的特征，对电子和声子输运性质有重要影响。通过从头计算和 BCS 超导理论，详细研究了它们的电子-声子耦合的特点以及可能存在的超导性。计算结果表明，前者是超导临界温度为 11.6 K 的本征超导体；而后者通过掺杂后表现出可调谐的超导特性，其超导临界温度为 11.2 K。在这两个体系中，较大的电声耦合作用主要来源于低频声子中硒原子的振动，与其引起的软模有关。此外，本章还发现了 $C_6 Se$ 单层是一个具有近似狄拉克结构且能隙为 0.17 eV 的窄带隙半导体。有趣的是，在双轴压缩应变作用下，$C_6 Se$ 结构由普通的半导体向拓扑绝缘体转变。这些发现将激发更多关于掺杂硒的富碳体系的研究灵感，以探索其迷人的物理现象。

第4章 三元硅—硼—碳材料

近年来二维三元轻元素化合物因其独特的结构、电子性质以及廉价的制造成本引起了人们的广泛关注。本章利用CALYPSO结构预测软件对硅、硼、碳三种轻元素组成的二维晶体结构进行预测,发现了$SiBC_4$、$SiBC_6$和SiB_4C三个不同组分的二维结构单层。结合密度泛函理论、紧束缚模型、玻尔兹曼输运理论以及超导理论,分别对三个结构的电子性质和电声输运特性进行了系统研究。研究结果表明,这三个单层结构都是力学、动力学和热力学稳定的,且在1 500 K高温下结构仍然能保持高的稳定性。有意思的是,三个结构都具有高的热导率,其中$SiBC_4$单层的热导率最高可达到240 W/(m·K),超越了多数已知的二维材料。值得注意的是,SiB_4C单层还具有本征的超导特性,其超导临界温度可以达到12.2 K,这个值大于多数先前报道过的二维单层材料。本章为探索三元单层二维材料在热传导领域的应用开辟了新的途径,并为二维三元单层材料在超导方面的研究提供了指导性的见解。

4.1 引　　言

自2004年石墨烯被发现以来,由于其有趣的结构和物理化学特性,人们对类石墨烯和层状纳米材料的研究兴趣日益浓厚,以求获得一些新的设计和性能优异的创新器件[292-293]。由此对二维材料进行了广泛的研究,其中包括由单质元素组成的烯类二维材料(硼烯、磷烯、硅烯、锗烯等)[28]、碳氮化合物[294]、金属硫族化合物(GaS、$InSe$、$GaSe$等)[295]、过渡金属硫族化合物(MoS_2、$FeSe$、$FeTe$、CdS、$CdSe$、$MoSe_2$)[296-298]、过渡金属氧化物[299]和Janus等结构的二维材料。它们在现代技术领域的潜在应用已经得到证明,如储能传感器[300]、场效应晶体管、热传导、自旋电子学、光催化制氢、催化和超级电容器[301-303]。近年来,基于轻质元素的二维材料因其独特的层状结构和优异的电子、光学、机械和物理化学性能而引起了人们的广泛关注。由于这些令人着迷的特性,基于轻质元素的二维材料在热电应用、电池应用、清洁能源储存、水净化、传感、光伏等方面具有很大的潜力[304-309]。此外,由于轻质元素具有储量大、质量轻、价格低廉等优点,在实验合成方面更加容易实现。

碳、硼和硅是相邻的三种轻质元素,作为二维材料的"领跑者",无论是由单元素组成的烯类单层,还是由它们中两两组合而成的双元素二维材料,都已经被深入研究。同时,这些材料也都具有广泛的应用,如硼碳化合物具有大的表面体积比、可调的带隙、高的热稳定性、众多的活性位点以及碳和硼原子的多边键,使其成为光电子应用的优秀候选者[310-311];硅碳化合物中共价键的构建调控可以有效提高其电极容量和倍率的性能[312];硅硼化合物在可逆储氢中有广阔的应用前景[313]。此外,通过理论预测方法可以获得未知配比的新型二维材料,Luo 等[47]利用结构搜索方法预测了不同配比的硼碳化合物。Dai 等[82]利用粒子群优化算法预测到了多种新型组分具有 sp^2 杂化的硅型硼硅化合物。而不同配比的硅碳化合物在理论和实验上被大量研究[50,86,88,314]。这些研究从侧面反映出由碳、硼和硅三种轻质元素组成的化合物对二维材料研究的重要性和必要性。然而,目前对轻质元素的研究主要集中在单质元素和二元化合物上,对三元化合物的研究相对较少。已经在理论和实验上报道过的二维三元化合物主要包括 BCN[139,315-316]、BC_2X(X=N、P、As)[142]、BNP_2[144]、PC_6N[317]、BC_6P[143]等,且其在锂离子电池、光催化水分解、催化、析氢反应、电化学传感器、晶体管、电化学储能装置和纳米电子学等方面有着广泛的应用[293,318-321]。

截至目前,对由碳、硼和硅组成的三元二维材料还未曾报道过。本章将结合晶体结构预测方法和密度泛函理论系统而又全面地探究不同配比的二维硅硼碳化物的晶体结构、热力学、动力学稳定性以及电子性质。同时,根据结构的稳定性和电子性质,进一步探究了其热输运性质和超导特性。通过对其结构和性质的研究,拓展对三元二维材料新型构型和新颖特性的理解,为后续在二维三元化合物方面的研究提供参考。

4.2 计算细节

4.2.1 结构预测

采用基于粒子群优化算法的 CALYPSO 软件[266-267]进行晶体结构预测,以寻找 $SiBC_x$、SiB_yC 和 Si_zBC(x,y,z 为 1~6 的整数)单层的最低能量结构。每个组分分别对一倍胞、二倍胞和四倍胞的结构进行预测以便充分考虑所有可能的构型。具体步骤如下:第一步,通过晶体对称操作生成的原子坐标构造随机结构;第二步,利用基于共轭梯度法的维也纳从头算模拟软件 VASP[268,322] 进行局部优化,直到吉布斯自由能的变化不超过 1×10^{-5} eV;第三步,通过粒子群优化算法选择吉布斯自由能最低的 60% 的第一代结构作为下一代的初始结构,剩下的 40% 的结构是随机生成的,依次迭代 20~30 次。整个结构预测过程中采用基于特征键表征的指纹技术来严格避免相同的结构,这一程序极大地增强了结构的多样性,对提高全局结构搜索的效率至关重要。在大多数情况下,整个预测过程将会生成 1 000~1 200 个结构(20~30 代)。

4.2.2 密度泛函理论计算

为了从预测得到的各组分结构中分别找到每个组分的最低能量结构,在密度泛函理论的框架下使用 VASP 软件包和具有 Si $3s^2 3p^2$、B $2s^2 2p^3$ 和 C $2s^2 2p^4$ 价态的投影缀加波赝势[270],以及 Perdew-Burke-Ernzerhof 泛函[323] 进行结构优化和电子性质计算。将平面波的截断能设定为 500 eV,能量收敛阈值为 10^{-6} eV,原子力收敛为 10^{-3} eVÅ^{-1},Monkhorst-Pack 的 k 点网格设定为 $2\pi\times 0.03$ Å^{-1}。为了构建二维模型以及避免层间的范德华力影响,设定结构的真空层厚度为 20 Å。通过基于超胞方法的声子软件包 phonopy[324],分别对 $SiBC_4$、$SiBC_6$ 和 SiB_4C 三个结构进行了 $4\times 4\times 1$、$4\times 4\times 1$、$5\times 4\times 1$ 的扩胞并计算了它们的声子色散。采用 Nosé-Hoover 方法[325],分别在 300 K、600 K、900 K 和 1 200 K 条件下,在三个单层结构与声子色散计算相同的扩胞情况下进行了从头算分子动力学模拟,时间步长为 1 fs,总时间为 10 ps。

对于计算声子-声子散射速率过程中的二阶力常数,采用了上述声子色散计算的结果,确保了在相同扩胞下结构的稳定性。在三阶力常数计算中,为实现的有限差分法,采用了 ShengBTE 中封装的 thirderder.py[326],以及和二阶力常数相同的超胞。对于所有结构,三阶力常数的原子间相互作用的截断半径都被设置为第 20 个紧邻原子。在获得二阶力常数和三阶力常数后,对三个结构分别采用 $30\times 30\times 1$、$25\times 25\times 1$ 和 $35\times 35\times 1$ 的 q 点并用 ShengBTE 计算其三声子相关的热输运特性。

对于电子-声子散射率和超导性质的计算,所有的自洽密度泛函理论和密度泛函微扰理论计算都在 QE 中实现[233]。采用 GGA 下的交换关联泛函和模守恒赝势进行计算。这里的平面波截断能设置为 80 Ry,能量和原子间力的收敛阈值分别设置为 10^{-8} eV 和 10^{-6} eV/Å。对于自洽计算,布里渊区的电子积分近似为 0.01 Ry 的高斯展宽且 k 点网格分别设置为 $16\times 16\times 1$、$16\times 16\times 1$ 和 $20\times 16\times 1$。利用 Electron-Phonon-Wannier (EPW)软件包[236-327] 进行电声耦合矩阵元的计算:首先在粗糙的电子(k 点)和声子(q 点)

波矢量网格上获得电子-声子耦合矩阵元；其次使用在 EPW 中实现的最大局域万尼尔函数插值到更密集的 k 点和 q 点网格上，对于 $SiBC_4$、$SiBC_6$ 和 SiB_4C 三个结构分别使用 $16\times16\times1$、$16\times16\times1$ 和 $20\times16\times1$ 的粗糙的 k 点网格以及 $8\times8\times1$、$8\times8\times1$ 和 $10\times8\times1$ 的 q 点网格；最后分别使用 $400\times400\times1$、$400\times400\times1$ 和 $500\times400\times1$ 的更密的 k 点网格以及 $200\times200\times1$、$200\times200\times1$ 和 $250\times200\times1$ 的 q 点网格进行电子热导率和超导性质的计算。值得注意的是，在 QE 和 VASP 中都进行了非自旋计算。QE 和 VASP 在弛豫晶格常数、声子色散和电子能带结构上的差异小于 0.5%。

4.3 结果与讨论

4.3.1 晶体结构

为了评估二维三元体系 $SiBC_x$、SiB_yC 和 Si_zBC（x，y，z 为 1～6 的整数）中的稳定组分，使用 CALYPSO 代码进行了全面的结构搜索。在对预测得到的大量结构的深入分析后，最终获得了三个迄今为止还未被发现的二维 Si—B—C 全局最小能量类石墨烯结构，它们分别为 $SiBC_4$，空间群为 P-6，如图 4-1(a)～(b)所示；$SiBC_6$，空间群为 $Pmm2$，如图 4-1(e)～(f)所示；SiB_4C，空间群为 $Pmm2$，如图 4-1(i)～(j)所示。其中粉红色球表示 Si 原子，蓝色球表示 B 原子，黑色球表示 C 原子。它们的一个显著特点就是都具有平面的构型，这种构型不仅有利于离子的快速传递，而且由于与现有底物的相容性，也有利于实验合成[328-330]。如图 4-1(c)所示，Si_2BC_7 是 $SiBC_4$ 的基本构建模块，具有两个不相等的 C 位点，其中一个连接到 Si、B 和 C，另一个连接到三个 C。每个 Si 和 B 分别都与三个 C 相连，形成两种不同的键。沿着之字形方向，Si 原子和 B 原子呈现交替排列，如图 4-1(a)所示。$Si_2B_2C_{12}$ 是 $SiBC_6$ 单层的基本构建模块，如图 4-1(g)所示，它包含相互连接的 SiC_5 环、BC_5 环和 $SiBC_4$ 环。C 链沿着扶手椅的方向延伸，$SiBC_4$ 和 $SiBC_6$ 在结构上有相似之处，如图 4-1(e)所示。SiB_4C 单层的基本构建模块为 $Si_2B_6C_2$，如图 4-1(k)所示，它由相互连接的 SiB_3C_2 环和 Si_2B_3C 环组成。与前面两个单层不同，完整的 B 链沿着之字形方向排列，而 Si 原子和 C 原子沿着扶手椅方向排列，如图 4-1(i)所示。图 4-1(d)、(h)、(l)分别是 $SiBC_4$、$SiBC_6$ 和 SiB_4C 单层的电子局域函数图，从中可知电子主要局域在两原子之间，这表明原子与原子之间有很强的共价键。C—Si 键和 C—B 键之间的不对称性是由极化引起的。

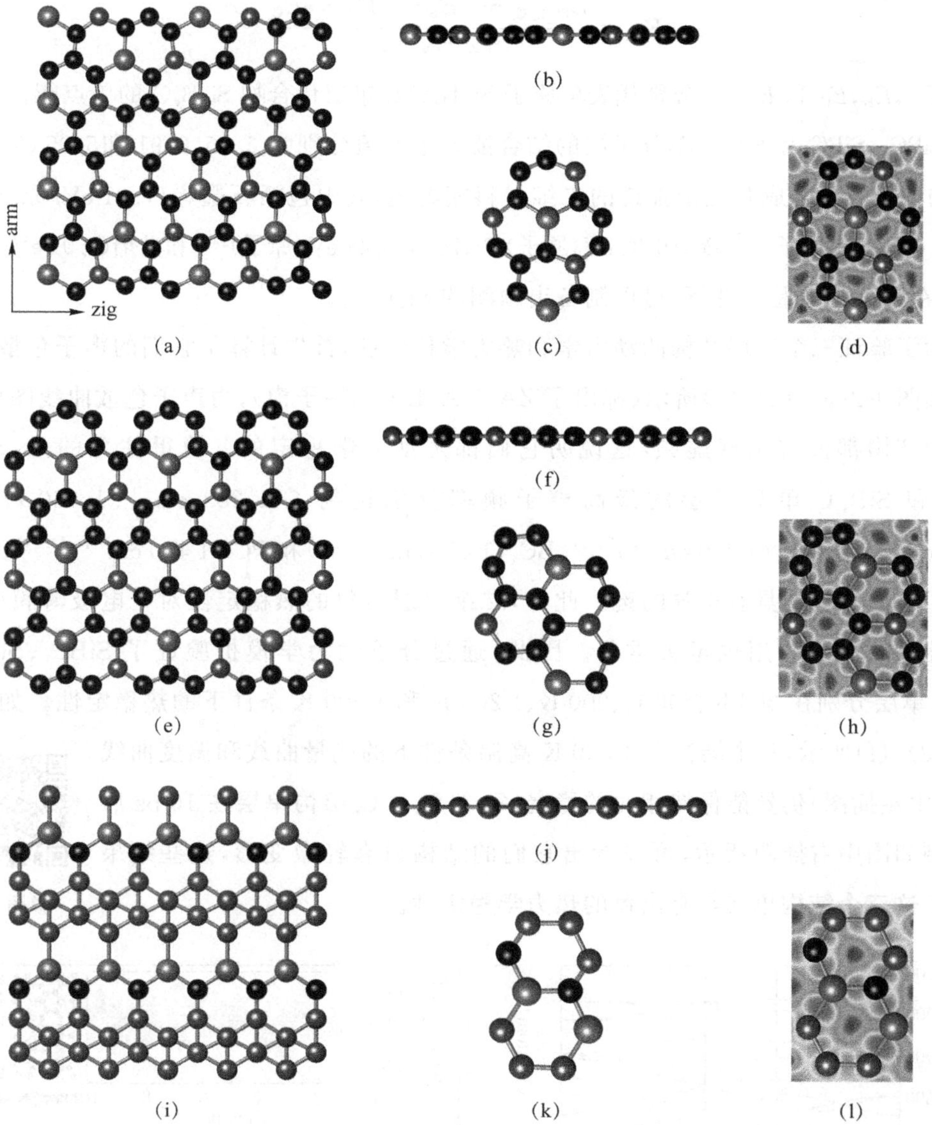

(a)～(d) $SiBC_4$ 单层；(e)～(h) $SiBC_6$ 单层；(i)～(l) SiB_4C 单层。

图 4-1 俯视图、侧视图、结构构成单元和电子局域密度函数

彩图 4-1

4.3.2 结构稳定性

众所周知，$Si_xB_yC_z$ 单层结构的稳定性是决定该结构是否能够在实验中合成的关键因素。结合能是评估材料稳定性的常用指标，其计算公式为

$$E_{\text{coh}} = \frac{E_{\text{Si}_x\text{B}_y\text{C}_z} - xE_{\text{Si}} - yE_{\text{B}} - zE_{\text{C}}}{x+y+z} \quad (4\text{-}1)$$

其中,E_{Si},E_{B},E_{C} 和 $E_{\text{Si}_x\text{B}_y\text{C}_z}$ 分别代表单原子 Si、B、C 和单层化合物 $\text{Si}_x\text{B}_y\text{C}_z$ 的单点能。计算得到的 SiBC_4、SiBC_6 和 SiB_4C 单分子层的结合能的绝对值分别为 6.65、6.91 和 5.95 eV/原子,可以与之前实验合成和理论报道的二维材料相媲美,其中包括石墨烯(7.91 eV/原子)[331]、$\text{Si}_x\text{C}_{1-x}$(<6 eV/原子)[86]、$\text{BC}_3$(6.86 eV/原子)[48]、$\text{B}_4\text{Si}_4$(5.44 eV/原子)[332] 和硅烯(3.91 eV/原子)。因此,在合适的实验条件下,可以制备出预测的 $\text{Si}_x\text{B}_y\text{C}_z$。

为了验证三个单层结构的动力学和热力学稳定性,首先计算了它们的声子色散曲线,分别如图 4-2(a)、(c)、(e)所示(标出了 ZA、TA、LA 三种子模),由声子色散曲线图可以看出三个结构都没有出现虚频,这说明它们都是动力学稳定的。值得注意的是,SiBC_4、SiBC_6 和 SiB_4C 单分子层的最高声子频率分别达到了 1 282 cm^{-1}、1 460 cm^{-1} 和 1 326 cm^{-1},与 CN_2(1 250 cm^{-1})[333]、BC_3(1 450 cm^{-1})[280] 和 PC(1 450 cm^{-1})[334] 相当,这反映了它们原子间具有很强的键。此外,二维单层材料的热稳定性对于电极薄膜或纳米电子器件的实际应用也至关重要。因此,通过分子动力学模拟验证了 SiBC_4、SiBC_6 和 SiB_4C 单层分别在 300 K、600 K、900 K、1 200 K 和 1 500 K 条件下的热稳定性。如图 4-2(b)、(d)、(f)所示,三个结构在 1 500 K 高温条件下的能量曲线和温度曲线(见图中左插图)仍然能保持相对的稳定,每个 $\text{Si}_x\text{B}_y\text{C}_z$ 结构单层在 10 ps 后的构型如图中右插图所示,可以看出它们的结构只有轻微变形,这些结果验证了这三个结构单层具有出色的热力学稳定性。

彩图 4-2

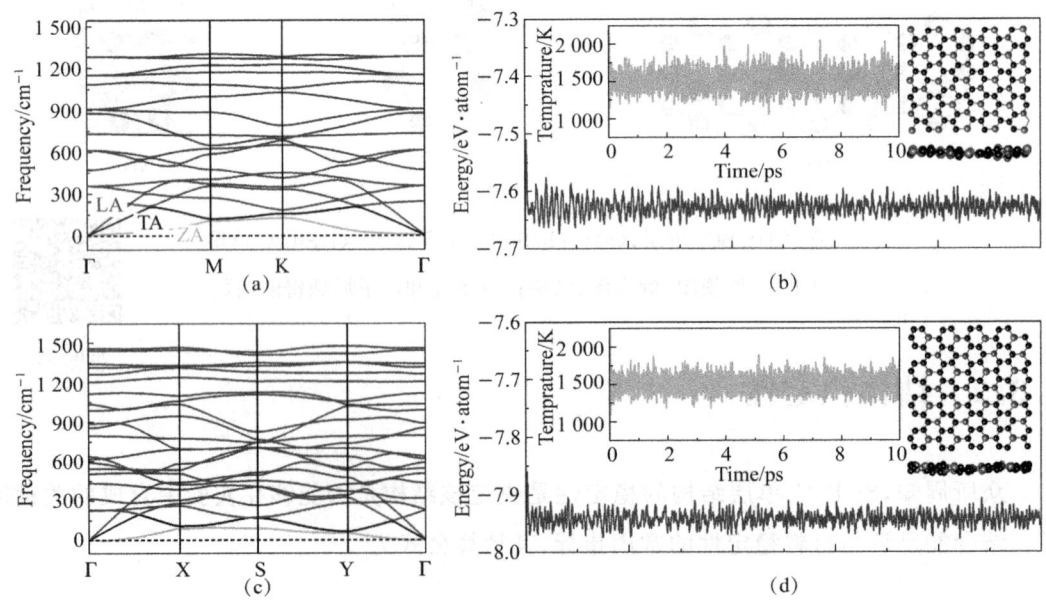

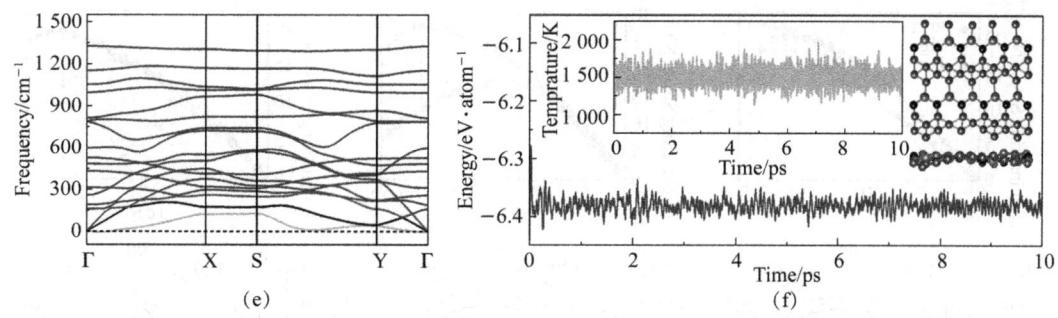

图 4-2　$SiBC_4$、$SiBC_6$ 和 SiB_4C 单层结构的声子色散曲线和在 1 500 K 条件下分子动力学模拟的能量曲线、温度曲线(插图)以及模拟后结构的俯视图和侧视图

机械强度和耐久性是决定二维材料在各种应用中适用性的关键因素。根据计算得到的弹性常数,验证了 $SiBC_4$、$SiBC_6$ 和 SiB_4C 单层结构均满足力学稳定性标准[335]:$C_{66}>0$ 和 $C_{11}C_{12}-C_{12}^2>0$。对于六方晶系构型而言,由于对称性限制,$C_{11}=C_{12}$,$C_{66}=(C_{11}-C_{12})/2$,利用弹性常数分别计算了材料在不同方向上的杨氏模量和泊松比。此外,通过测量双轴和单轴(扶手椅或之字形)拉伸应力-应变的变化来评估 $Si_xB_yC_z$ 结构的理想拉伸强度。如图 4-3(a)~(c)所示,在单轴应变下,$SiBC_4$、$SiBC_6$ 和 SiB_4C 的理想抗拉强度分别为 22.31 N/m、28.23 N/m 和 19.26 N/m,对应的临界应变分别为 20%、25% 和 17%;而在双轴应变下,当临界应变分别为 17%、13% 和 8% 时,理想抗拉强度分别为 18.90 N/m、18.11 N/m 和 10.48 N/m。无论是单轴应变还是双轴应变,较大的理想拉伸强度都能够使得这些结构承受更大范围的形变调控,扩大它们的应用场景。此外,从得到的杨氏模量和泊松比可以看出,三个结构都具有较大的杨氏模量,而较大的杨氏模量和临界应力-应变使 $Si_xB_yC_z$ 结构具有显著的力学性能,进而在纳米力学中具有重要的应用潜力。同时,在 $SiBC_4$ 和 $SiBC_6$ 单层中杨氏模量,如图 4-3(d)~(e)所示,和泊松比,如图 4-3(g)~(h)所示,表现为各向同性,而在 SiB_4C 单层中则表现为各向异性,如图 4-3(f)、(i)所示。这些结构的杨氏模量均超过硅烯(60~63 N/m)[336],并与硼烯(189~222 N/m)[337]相当,同时也具有较大的泊松比。此外,在各种应力应变作用下,它们的力学稳定性均能够保持得良好(表 4-1)。$SiBC_4$、$SiBC_6$ 和 SiB_4C 单层的泊松比和杨氏模量在拉伸应变/压缩应变下均有减小/增大的趋势,而 $SiBC_4$ 和 $SiBC_6$ 单层存在明显的各向异性。以上分析表明,这些单层材料都具有优异的力学性能。

彩图 4-3

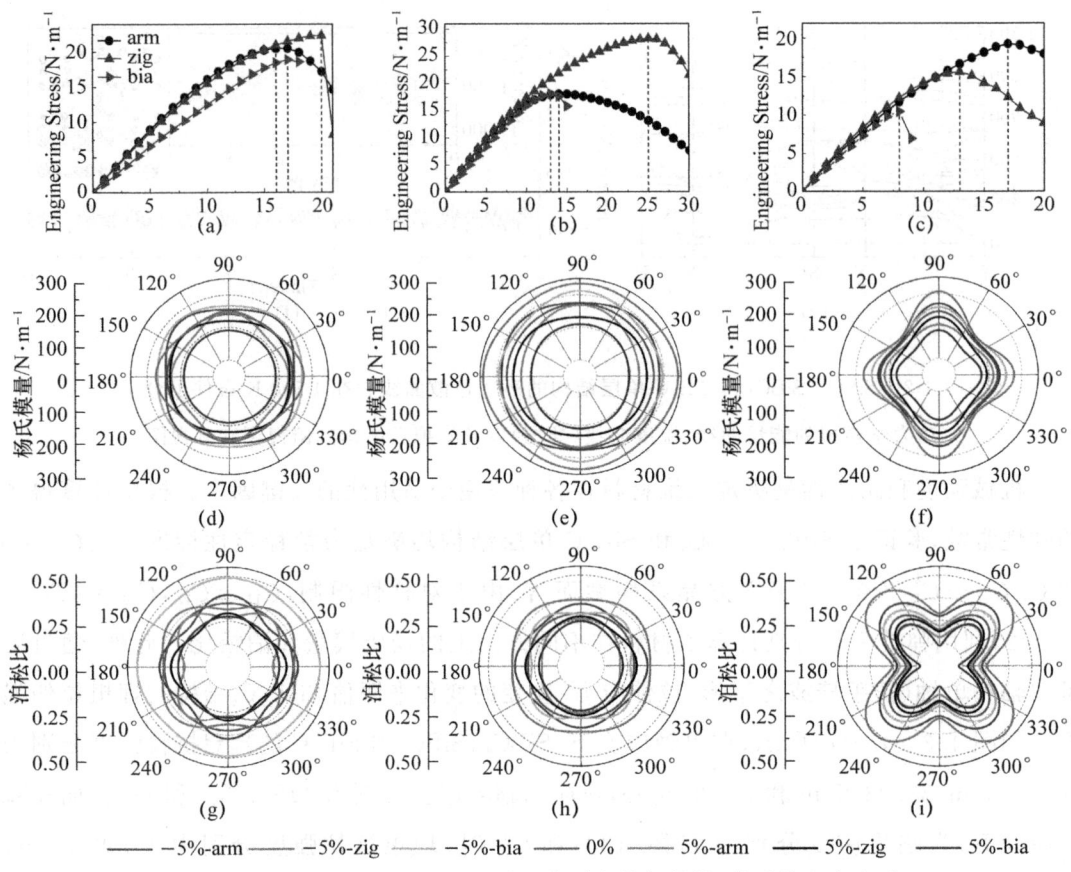

(a)~(c) SiBC$_4$、SiBC$_6$ 和 SiB$_4$C 单层分别在施加单轴（扶手椅和之字形）
和双轴平面内应变时的应力-应变关系；(e)~(f) 在不同拉伸
应变和压缩应变下的杨氏模量；(g)~(i) 泊松比的方向依赖性。

图 4-3 SiBC$_4$、SiBC$_6$ 和 SiB$_4$C 单层的力学特性

表 4-1 SiBC$_4$、SiBC$_6$ 和 SiB$_4$C 单层分别在 −5%、0 和 5% 不同应变下以及扶手椅(arm)、
之字形(zig)和双轴应变(bia)方向下的弹性常数、杨氏模量(Y)和泊松比(v)　　单位：N/m

结构	应力	C_{11}	C_{22}	C_{12}	C_{66}	Y_{max}	Y_{min}	v_{max}	v_{min}
	−5%-arm	228.08	239.37	90.10	86.17	225.24	194.16	0.39	0.30
	−5%-zig	251.75	223.92	79.52	67.35	223.50	187.65	0.40	0.31
	−5%-bia	289.59	285.47	142.14	78.91	230.89	215.70	0.49	0.40
SiBC$_4$	0	220.31	220.31	75.99	73.09	195.67	195.67	0.34	0.34
	5%-arm	189.51	209.59	50.62	60.32	196.07	162.03	0.34	0.24
	5%-zig	199.67	186.64	58.74	75.14	189.00	169.00	0.31	0.25
	5%-bia	151.19	152.34	41.97	55.75	141.60	139.63	0.27	0.26

续 表

结构	应力	C_{11}	C_{22}	C_{12}	C_{66}	Y_{max}	Y_{min}	v_{max}	v_{min}
SiBC$_6$	-5%-arm	268.18	255.93	91.23	93.16	244.55	224.90	0.35	0.30
	-5%-zig	264.32	283.38	75.34	87.55	261.91	232.37	0.33	0.26
	-5%-bia	336.28	328.66	121.93	97.58	291.04	272.88	0.39	0.30
	0	241.49	241.49	68.93	84.16	221.64	221.64	0.29	0.29
	5%-arm	186.56	230.01	48.14	76.81	217.59	176.48	0.25	0.20
	5%-zig	217.10	196.46	58.84	78.08	200.31	180.51	0.30	0.25
	5%-bia	155.20	168.42	37.97	63.62	159.13	146.64	0.24	0.21
SiB$_4$C	-5%-arm	195.20	233.01	53.46	54.33	218.37	153.38	0.42	0.22
	-5%-zig	212.34	217.41	46.79	58.09	207.09	160.89	0.38	0.21
	-5%-bia	245.24	276.90	70.84	53.23	256.43	160.87	0.51	0.25
	0	183.28	201.33	36.59	55.25	194.02	148.66	0.34	0.18
	5%-arm	168.03	158.13	26.48	52.17	163.6	134.41	0.29	0.15
	5%-zig	148.49	182.27	28.15	49.95	176.93	129.96	0.31	0.15
	5%-bia	129.34	138.18	14.43	40.4	136.57	104.45	0.29	0.10

4.3.3 电子特性

为了探究 SiBC$_4$、SiBC$_6$ 和 SiB$_4$C 结构的电子性质，首先通过计算得到了它们的电子能带结构和对应的费米面，如图 4-4(a)~(c)及插图所示，其中，黄色、红色和蓝色分别表示 Si、B 和 C 原子在能带上的原子投影；插图分别是三个结构的费米面。从中可以看出三个结构的能带都跨越了费米能级表现出金属特性，而多带和多费米面是金属材料的普遍特征。此外，通过能带投影能够更加清晰地了解每个结构中各个元素在费米能级处对能带的贡献。对于 SiBC$_4$ 结构，从它的投影能带图中可以看出在费米能级附近主要来自 C 元素的贡献，Si 元素的贡献相对较少，而 B 元素的贡献远离了费米能级。对于 SiBC$_6$ 结构来说，它和 SiBC$_4$ 结构类似，但在费米能级处除了 C 元素是主要贡献，Si 和 B 元素的贡献相较于 SiBC$_4$ 结构要多一些，这两个单层能带结构的相似性主要归因于它们都属于富碳的三元化合物。对于 SiB$_4$C 结构，由于该结构中 B 元素的含量较多，因此，在投影能带图中表现为费米能级处的贡献主要来自 B 元素，Si 和 C 元素的占比相对较少。

众所周知,由传统的基于密度泛函理论得到的能带是以研究布洛赫电子为主的周期性函数的理论计算,它要考虑全空间的延展,因此计算的结果包含了整个能量空间。然而,对于结构本身的物理和化学性质来讲,影响最深的是费米能级附近的电子态,因此,计算材料的固有性质时仅需考虑结构中费米能级附近有效的电子轨道。通过使用基于紧束缚模型的最大局域化 wannier 函数的方法,拟合了三个结构在费米能级附近的能带,如图 4-4(d)~(f)所示。从中可以看出,对比 DFT 计算的能带,利用 wannier 函数拟合的能带能够很好地与之相吻合。这样的结果对后续计算材料的物理性质至关重要,它能够在很大程度上提升计算速度和计算结果的有效性。除计算了三个单层的能带结构以外,还计算了它们的总态密度和分波态密度,如图 4-4(g)~(i)所示,其中零点被设置为费米能级。从态密度图中可以看出,不同结构的态密度在不同的能量位置上和它们的能带结构都能够很好的吻合。此外,对于 $SiBC_4$ 和 $SiBC_6$ 结构,它们在费米能级附近对于态密度的主要贡献来自 C-p 轨道,而对于 SiB_4C 结构来讲则主要来自 B-p 轨道,这样的结果和能带投影的结果一致且更加细化地分析轨道组分的贡献。

彩图 4-4

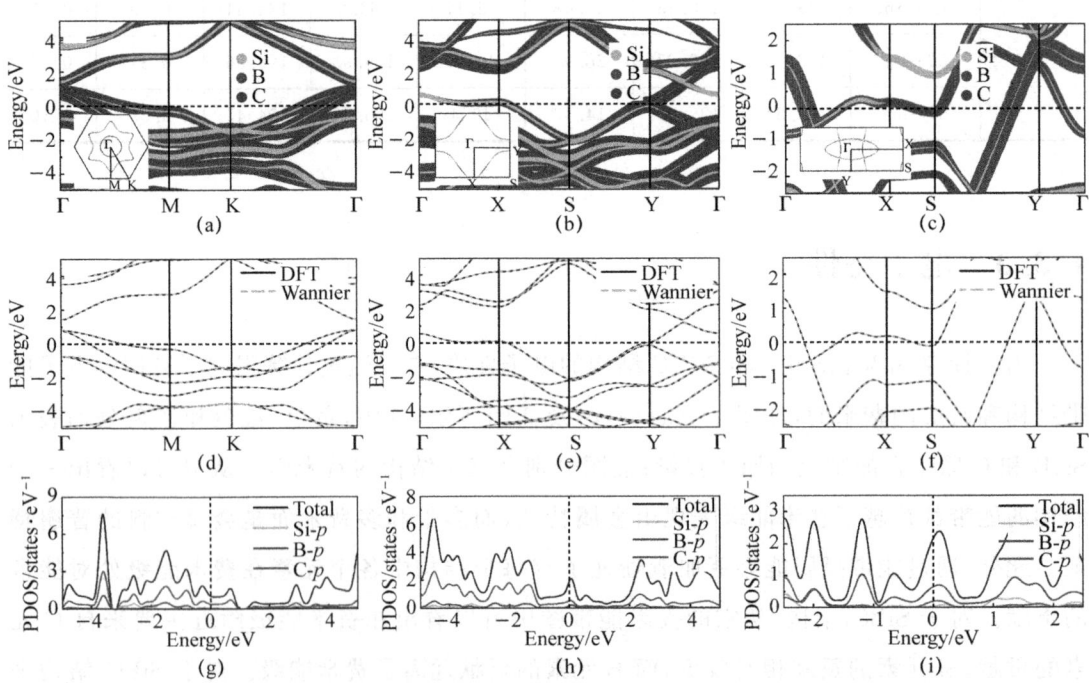

(a)~(c) $SiBC_4$、$SiBC_6$ 和 SiB_4C 单层结构的能带结构和原子投影图;
(d)~(f) 由 DFT 和 Wannier 插值方法计算的能带结构图;(g)~(i) 各元素轨道的分波态密度图。

图 4-4 $SiBC_4$、$SiBC_6$ 和 SiB_4C 单层的能带和态密度图

4.3.4 热输运特性

由上述分析可知,预测得到的三个新型二维三元单层结构具有超高的热稳定性,为了进一步了解它们的热输运性质,首先分别计算了它们在 300～1 500 K 温度范围内热导率随温度的变化,如图 4-5(a)～(c)所示。其中,每个结构的总热导率(κ_{total})为结构中声子热导率(κ_{ph})和电子热导率(κ_e)之和。众所周知,声子(晶格振动)是石墨烯的主要热载体,电子的贡献可以忽略不计[338]。根据传统观点,预计在 sp^2 二维类石墨烯结构中也会有类似的行为。可知,$SiBC_4$、$SiBC_6$ 和 SiB_4C 单层结构的最高热导率分别可以达到 240 W/(m·K)、154 W/(m·K) 和 98 W/(m·K)。为了便于更直观地了解,将计算结果和其他常见的二维材料做了对比,如图 4-5(d)所示。可以看出,$SiBC_4$ 和 $SiBC_6$ 两个结构在 T=300 K 时的 κ_{total} 处于较高的范围,大于 WS_2。而 SiB_4C 结构的 κ_{total} 小于前面的两个结构,但与已报道过的 BeN_4 单层相当,略大于黑磷(Phosphorene)和硅烯(Siliene),远大于 MoO_3 和 ZrS_2。有意思的是,在室温条件下的三个结构中,$SiBC_4$ 的热导率比 SiB_4C 高出了二倍有余。这表明与富碳的类石墨烯相比,二维富硼的同素异形体的弹道热输运能力较弱。为了理解三个结构中较高的 κ_{total},分别分析了它们的 κ_{ph} 和 κ_e 组分。正如预期的那样,发现 $SiBC_4$ 的 κ_{total} 主要受 κ_{ph} 支配,其大于其他两种二维同素异形体。有意思的是,其他两种二维同素异形体的 κ_e 接近或高于其 κ_{ph} 成分。此外还注意到,κ_e 的行为与图 4-4 中的电子能带结构和态密度完全一致。相比于 $SiBC_4$ 结构,$SiBC_6$ 和 SiB_4C 的能带结构在费米面附近都有一段平带出现致使费米面上有更多的电子聚集,电子对结构性质有主要的贡献,此外,它们在费米面附近的态密度要大于 $SiBC_4$ 结构在费米面附近的态密度,因此电子对热传导有不可忽略的贡献。

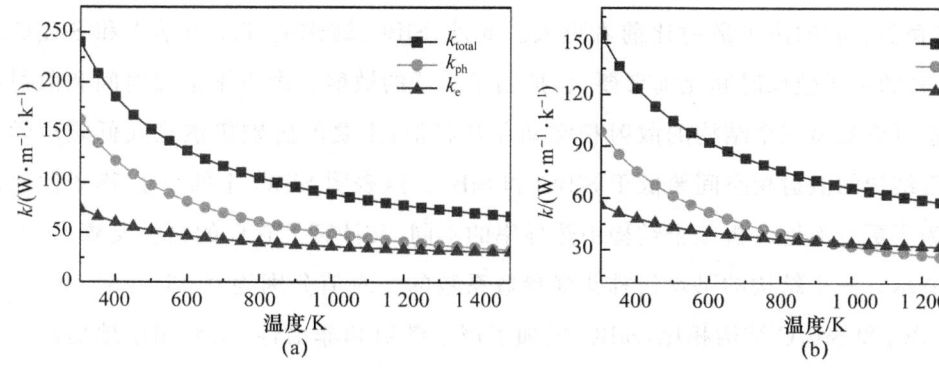

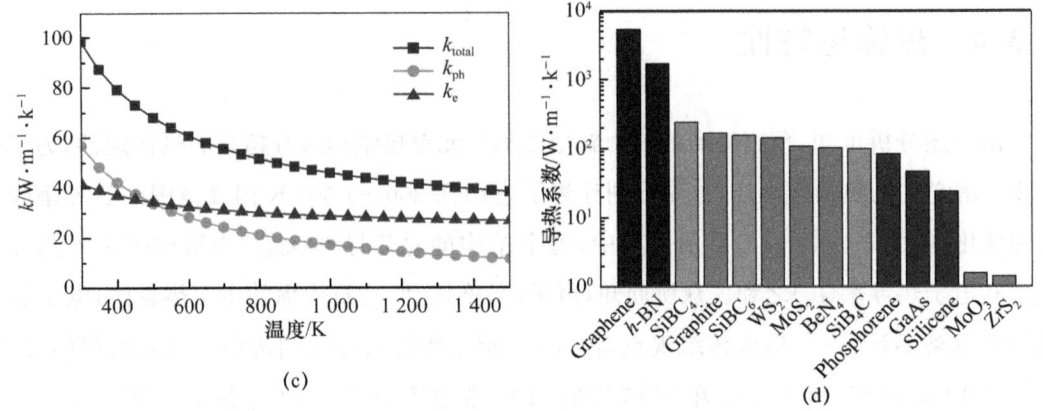

(a)~(c) $SiBC_4$、$SiBC_6$ 和 SiB_4C 单层结构中总热导率(灰色)、晶格热导率(棕黄色)和电子热导率(深蓝色)随温度的变化;(d) 几种常见的单层二维材料与预测得到的三种结构在 $T=300$ K 时的导热系数。

图 4-5 $SiBC_4$、$SiBC_6$ 和 SiB_4C 单层的热导率和导热系数

  为了进一步理解各个结构中热输运传输的机制,接着对三个结构中固有的声子性质进行了详细的比较。如图 4-6(a)所示,其中,深蓝色、红色和绿色代表三个声学支,浅蓝色代表光学支,首先计算了三个单层结构的声子群速度,其用于描述声子在晶体结构中传播的速度。从中可以清晰地看到,$SiBC_4$ 单层结构在低频区域(ZA、TA、LA 声学支)的声子群速度很明显要高于 $SiBC_6$ 和 SiB_4C 两个结构,在中高频区域(Optical 光学支)基本相当,而 $SiBC_6$ 结构的平均声子群速度则要高于 SiB_4C,这一结果也从侧面印证了 $SiBC_4$ 单层结构的热导率要高于 $SiBC_6$ 和 SiB_4C,而 $SiBC_6$ 结构的热导率高于 SiB_4C,这与上述三个结构热导率计算的结果符合。除了声子群速度,还分别计算得到了三个结构的声子弛豫时间,如图 4-6(b)所示。与 $SiBC_6$ 和 SiB_4C 相比,$SiBC_4$ 的声子弛豫时间在低频区域少了近一个数量级,这表明后者的声子散射比前者更大。此外,$SiBC_6$ 结构的 TA 声学支和 SiB_4C 结构相比,后者的声子弛豫时间比前者要大,抑制了声子的散射。由声子弛豫时间和散射相空间的关系可以知道三个结构的散射相空间非常相似,主要的区别仍然是在低频声学支区域,$SiBC_4$ 结构的散射相空间要低于 $SiBC_6$ 和 SiB_4C,这表明 $SiBC_4$ 中的声子-声子散射通道更小。为了更全面地分析三个结构中热导率的不同,又计算了它们的格林艾森参数,如图 4-6(c)所示。三个结构的平均格林艾森参数系数的绝对值分别为 0.45,0.31 和 0.15。因此,与 $SiBC_6$ 和 SiB_4C 结构相比,$SiBC_4$ 增加了声子散射和非谐性,从而相应地提高了它的热导率。

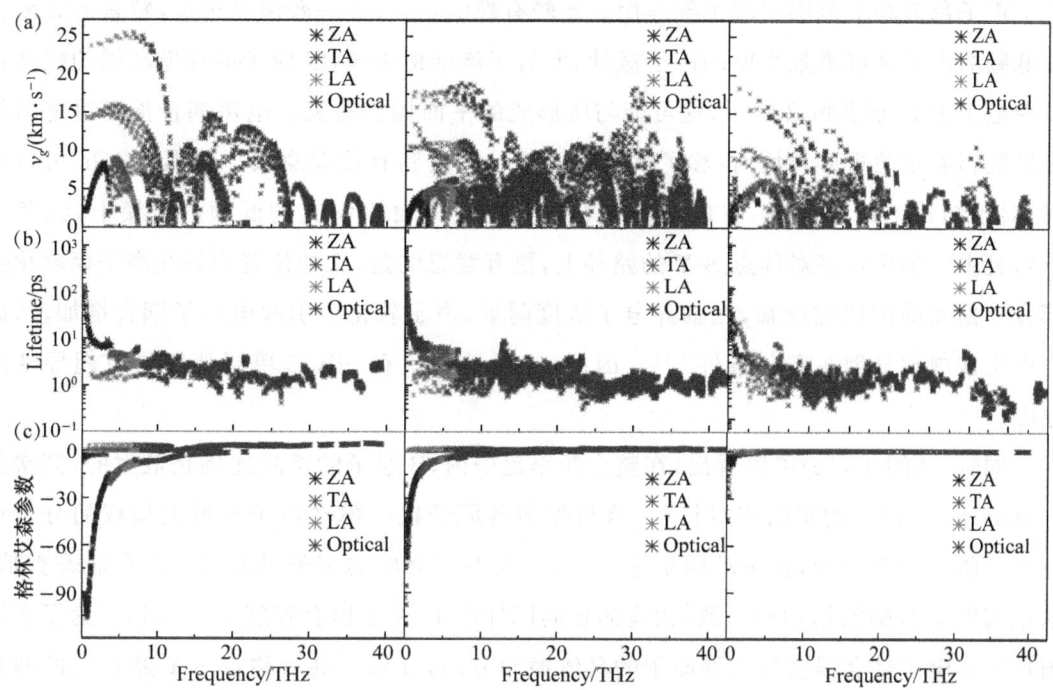

(a) 声子群速度随声子频率的变化图；(b) 声子驰豫时间随声子频率的变化图；
(c) 格林艾森参数随声子频率的变化图。

图 4-6 三个单层结构的声子群速度、驰豫时间和格林艾森参数图

4.3.5 超导特性

彩图 4-6

近年来，二维材料的超导特性引起了众多科研工作者的兴趣并对其进行了广泛的研究[167,189,339-340]。为了探究预测得到的三种新型二维三元化合物 $SiBC_4$、$SiBC_6$ 和 SiB_4C 是否具有超导特性，首先利用 DFT-Allen-McMillan-Dynes 方法[225]对它们的超导性进行了研究。计算结果表明，$SiBC_4$ 和 $SiBC_6$ 两个单层结构的超导温度为零，其并不具有超导特性。但有趣的是，SiB_4C 结构却具有本征的超导特性。为了进一步分析，分别详细地研究了 SiB_4C 结构的声子色散各个原子振动模的加权、电声耦合强度在声子色散上的加权、声子态密度、Eliashberg 谱函数和电声耦合随累计频率的变化，如图 4-7(a)～(d)所示。由图 4-7(a)可以看出，在低频的声学支区域的 Γ 点附近，振动模的主要贡献来自 B_z 和 B_{xy} 的方向上的振动，而在 X-S 路径范围内则主要由 C_z、Si_{xy} 和 B_{xy} 方向上的振动所贡献。在 200～300 cm^{-1} 频率范围内，则主要来自 B_z 方向上的振动，在中高频范围内(300～1 000 cm^{-1})，主要由 B_{xy} 方向上的振动所贡献，而在高频区主要由 C_{xy} 和 B_{xy} 方向上的振动所贡献。从整体来说，由于在 SiB_4C 结构中 B 原子的含量所占比重较大，因此，B 原子在

整个声子色散频率范围内起主导作用。比较有趣的是,对于一般情况来讲,较重的元素会在低频的声子区域贡献主要的声子振动,但对于该结构来说,Si 原子的在低频模的振动贡献明显少于 C 原子和 B 原子,这可能与所形成的平面构型有关。电声耦合强度对材料超导性的影响至关重要,对分析和了解材料中超导的机制有重要意义。从图 4-7(b) 可以看出,对于结构 SiB_4C 来说,它的电声耦合强度主要来自声学支的低频声子模上(红色部分),且主要集中在高对称点 S-Y 的路径上,更有意思的是,它的位置刚好在声子模软化的部分。据先前的研究所知,在临界电子浓度附近,声子软化会引起电声子耦合增加,从而为产生常规超导创造有利条件[341]。因此,这揭示了只有 SiB_4C 单层能够具有超导性的原因。

同时,从图 4-7(c) 可以看出,在整个频率范围内,B 原子的贡献比例是最大的,其次是 C 原子,而 Si 原子的贡献相对较小,这与先前各原子振动模在声子色散上加权的分析相一致。图 4-7(d) 表示,在振动频率为 50 cm^{-1} 左右所对应的声子对电声耦合有显著贡献,这也与图 4-7(b) 的结构相一致,相应的各向同性电子-声子耦合强度 $\lambda=0.714$。为了更清晰地了解电子耦合强度最大处原子的具体振动方向,计算了高对称点 S-Y 路径上的两处振动模 I 和 II,如图 4-7(e)~(f) 所示。从中可以看出,在电声耦合强度最大的地方,原子的振动方向偏向于在平外方向上振动,且主要来自 C 原子的 C_z 方向,与先前的分析所一致。而对于振动模 II,则是由于整体结构在平面的振动,且对整体的电声耦合影响较小。最后,通过 Allen-McMillan-Dynes 公式计算得到的超导临界温度约为 9.6 K。

为了更详尽地探究超导性质,基于完整的各向异性 Eliashberg 计算方法,通过各向异性间隙谱 $\Delta(k)$ 来分析费米表面上不同的电子态对超导性的贡献。在温度为 4 K 时,最大的超导能隙值可以达到 8.4 meV,由图 4-4(c) 的能带结构结合费米面分析可知,这主要源于 SiB_4C 结构中的 B-σ 态,而 B-π 的能隙表现出高度的各向异性。SiB_4C 结构的各向异性超导能隙随温度的分布如图 4-7(g) 所示,显示出两个很明显的超导隙:最强的是 σ 态能隙以及由 π 电子态形成的高度各向异性能隙。接着继续求解各向异性 Eliashberg 方程,直到能隙消失,得到 SiB_4C 的临界温度约为 12.2 K。此外,除了计算超导能隙随温度的变化,也计算得到了 SiB_4C 结构分别在 6 K、8 K、10 K 和 12 K 温度下的超导态密度,如图 4-7(h) 所示。从中可以清晰地看到,超导态密度具有两组对称的尖峰,分别对应于图 4-7(g) 中两条不同的超导能隙。随着温度的增加,超导态密度之间的距离逐渐缩小,直到 12 K 时,峰值逐渐消失,超导态密度也趋近零值,这与超导能隙的分布相一致。各向异性 Eliashberg 计算表明,SiB_4C 是一个双能隙超导体,其中最大的间隙来自内层的费米面,最小的间隙来自外层费米面,由此产生相当高的临界温度,大约为 12.2 K。

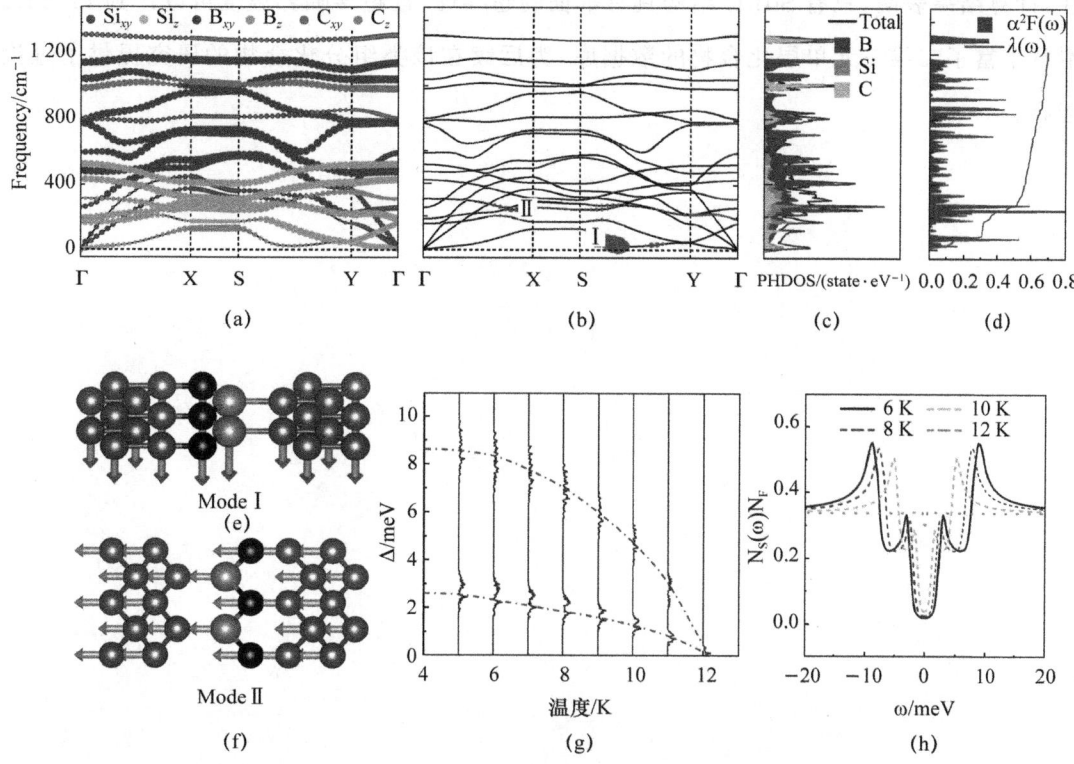

(a)~(d) 单层 SiB4C 结构的声子色散及各原子振动模的加权、电声耦合强度 λ_{qv} 在声子色散上的加权、声子态密度、Eliashberg 谱函数和电声耦合随着累计频率的值 l(w);(e)~(f) 各原子分别在强耦合处的振动模(箭头方向指向原子振动方向);(g) 各向异性超导能隙随温度的分布图;
(h) 分别在 6 K、8 K、10 K 和 12 K 的温度下所对应的准粒子态密度。

图 4-7 单层 SiB_4C 结构的超导相关特性图

彩图 4-7

4.4 本章小结

本章主要通过 CALYPSO 晶体结构预测软件对三个轻元素硅、硼和碳在二维平面尺度内进行了结构预测,并获得了三个不同配比下的最低能量单层结构 $SiBC_4$、$SiBC_6$ 和 SiB_4C。然后结合第一性原理计算,分别对三个单层的晶体结构、电子性质、力学性质、稳定性、热输运以及可能的超导特性进行了系统而又详尽的研究。研究结果表明,三个单层结构都具有类石墨烯的平面构型且具有较高的动力学和热力学稳定性,最高可在 1 500 K 的高温下保持结构的稳定。此外,本章研究了三个结构的热输运性质,结果表明它们都具有较高的热导率,超过了大部分常见的二维材料。本章还探究了三个结构可能的超导特性，计算结果表明，只有 SiB_4C 结构具有本征的超导性，且超导临界温度可以达到 12.2 K。本章丰富了二维三元单层化合物的数据库，为后续在该类组分化合物的研究提供了理论指导。

第5章 金属插层二维硼碳材料

近年来，金属原子插层二维材料诱导材料超导电性的调控方法在理论和实验上都被证明是实现材料超导性质的有效途径。利用 BCS 理论对该类材料的超导电性进行计算与分析将增进对于该类超导体超导电性起源的理解，从而为设计拥有更高超导转变温度的二维材料提供有效的理论指导。本章计算了不同类型金属原子插层二维硼碳结构（M—B_2C_2），最终确定了 15 个结构并对它们的晶体结构、电子性质以及超导特性进行了系统的研究。为了充分了解不同结构金属原子对材料结构性质的影响，总结并对比了 15 种金属元素中的不同类型，如碱金属、碱土金属、过渡金属以及镧系金属。结果表明，K—B_2C_2 体系具有最高的超导转变温度，其 T_c 可达到 53.39 K，这个数值远超了目前大部分二维材料。进一步分析可以得到 K—B_2C_2 体系高超导温度的来源是其 K—K 原子之间有着较强的相互作用，使得其在与 BC 结构形成层状材料时，结构中的电子和声子在低频和高频处的电声耦合作用都可以达到比较理想的强度。此外，通过分析 15 种 M—B_2C_2 体系的超导转变温度的变化趋势，发现该数值与 M 金属原子的外层电子排布规律呈现出有趣的对应关系。这项研究促进了对于金属插层二维硼碳体系超导电性的理解，并将为相关的研究提供有效的理论指导。

5.1 引　言

超导材料因其卓越的物理和化学性质而被广泛用于多个领域，包括电力、电子、医疗、交通和高能物理。在超导研究领域，除了目前被广泛研究的铜基[342]和铁基超导[343]体材料，传统的电子-声子超导体也越来越具有吸引力[344]。在已报道的传统声子介导的超导体中，具有两个能隙的各向异性超导体 MgB_2 创下最高超导转变温度（T_c）(39 K)的记录[168]，这一发现激发了很多关于同类潜在超导材料的研究[345-347]，同时也促使人们探索新构型的超导体材料[348-349]。随着二维材料领域的迅速发展，人们开始研究和探索具有二维结构的材料是否可以表现出超导性质。近年来，研究人员已经预测了许多潜在的二维超导体,如硼烯[350]、掺杂或应变的石墨烯[285,351]、β_0-PC[352]、MgB_x[353]、Mo_2B_2[101]、W_2B_2[354]和AlB_6[355]。有趣的是,通过对这些二维超导材料的探索,发现了一系列新颖的现象,如在二维体系$TiSe_2$[356]中超导序的竞争或共存和$NbSe_2$[357]中CDW等,此外,氢化单层MgB_2[358]的超导性、电子/空穴掺杂超导$PtSe_2$[359]以及溴功能化的超导单层Mo_2C[360]等材料都已被广泛研究。同时,许多二维超导体已在实验上被成功制备[361-362],如$\alpha-Mo_2C$[363]、锂修饰的单层石墨烯[364]、$NbSe_2$[365]、锡烯[366]和魔角石墨烯[158]等。

块体MgB_2是一种层状材料,而单层的MgB_2可以被看作在两个硼层之间插入了一个金属镁原子,从而形成了类似插层的化合物。自从块体MgB_2被发现具有超导特性之后,单层的MgB_2及其类插层化合物的超导特性在理论和实验上引起了人们的广泛研究。如锂沉积石墨烯中声子介导的超导性[241]、铝沉积的石墨烯[243]、钠插层MoX_2(X=S,Se)双层[367]的超导性、钙插层β-Sb双层超导体[368]和钾插层的$Td-WTe_2$[369]等。金属插层有助于增加材料在费米能级附近的电子态密度并增强电子-声子耦合,从而诱导超导特性。Profeta等[241]早前的研究表明在双层石墨烯中插入锂原子可以诱导其从金属到超导态的转变。随后,Yang等[242]通过改变插层金属探究了钙插层石墨烯的超导特性。除此之外,金属插层硼烯类化合物也被进行了广泛研究,首先想到的就是单层MgB_2。有意思的是,Bekaert等[169]研究表明,单层MgB_2是一种少见的且超导转变温度为20 K的三能隙超导体,同时在应力应变调控下超导转变温度可达到50 K。之后,Zhao等[371]探究了单层AlB_x中的二能隙和三能隙超导特性[370],并在此后的三层薄膜MgB_4中发现了四能隙的超导特性。Bo等[372]则系统地探究了不同金属插层B_6化合物的声子诱导超导特性。近年来,人们进一步研究了非单质二维材料的碱金属或碱土金属插层化合物,如$Li_3B_4C_2$[373]、LiBC[374]、$Mg_2B_4C_2$[375]和$Ca_nB_{n+1}C_{n+1}$[376]等,在这些研究中更是发现了超导转变温度可以达到70 K的高温超导体。然而截至目前,该类化合物仅限于碱金属或者碱土金属插层硼碳化合物,而对其他类型的金属插层硼碳化合物鲜有研究。

因此,本章通过第一性原理计算全面系统地研究了不同类型金属插层二维硼碳M—B_2C_2构型化合物,其中M为金属原子且包括碱金属、碱土金属和过渡金属,并找到15种稳定的单层化合物。随后,系统地研究这些稳定单层化合物的晶体结构、机械性质、电子性质、声子色散、电声耦合以及超导特性。基于BCS理论,利用解析求解McMillan-Allen-Dynes公式,求得15种稳定的金属硼碳单层化合物都是声子介导的超导体,它们的超导转变温度在10.3～53.4 K范围内。进一步详细地分析了它们的超导机制,发现不同原子的电负性和声子模的软化对超导温度有很大影响。此外,总结了不同类型的金属对结构和性质的影响,为后续探究其他类型的二维材料提供了指导。

5.2 计算细节

基于 MgB_2 三维晶体结构模型,我们首先构建了二维 $M—B_2C_2$(M 为碱金属、碱土金属和过渡金属)构型的金属插层化合物。其次利用基于密度泛函理论的 VASP 软件对所有结构进行结构优化和声子色散的计算,并从中筛选出稳定的构型。最后对筛选出的稳定结构分别进行能量、能带结构和态密度的计算,其中交换关联泛函选用 GGA 方法下的 PBE 泛函,并用 PAW 方法描述电子-原子核相互作用,截断能设置为 550 eV,布里渊区采用 $10×10×1$ 的 Monkhorst-Pack 网络采样方法进行采样。为了避免 z 轴方向上的层间作用力,设置 z 轴方向的真空层厚度为 20 Å。在几何优化中使用的力收敛标准为 0.01 eV/Å。

利用基于密度泛函理论的 QE 软件包和模守恒赝势分别计算了它们的电声耦合强度和超导转变温度等特性。在 VASP 中优化的构型在 QE 中又重新被优化。其中对结构的平面波能量截断能和电荷密度的阈值分别设为 80 Ry 和 800 Ry,Methfessel-Paxton 展宽被设置为 0.02 Ry,自洽电荷密度计算采用 $32×32×1$ 的布里渊区网格。在计算动力学矩阵和电声耦合矩阵元时,则使用 $8×8×1$ 的 q 网格进行计算,其中 q 网格的收敛测试已经被验证。利用密度泛函微扰理论和 Eliashberg 理论计算结构的声子和电声耦合性质,最后超导转变温度可由 Allen 和 Dynes 进一步修正后的 McMillan 方程获得。

5.3 结果与讨论

5.3.1 晶体结构

金属插层二维硼碳结构是类似于 MgB_2 的层状构型,如图 5-1 所示。在金属插层二维硼碳结构中,金属原子位于双层 BC 结构形成的夹层中,形成一个类似三明治结构。其中,上下两层的 BC 单层结构形成类似于石墨烯的蜂窝状结构,其中 B 和 C 原子之间交替成键。由如图 5-1(a)所示的俯视图可以看出,金属原子 M 位于 BC 结构中的 Hollow 中心位,同时从如图 5-1(b)所示的侧视图中可以看到,金属原子 M 位于双层 BC 结构的对称轴上,且上下的两个单层中 BC 原子交互对应,其中,黄色元素代表所筛选出可以使插层结构稳定存在的15种金属元素。众所周知,当碱金属或者碱土金属插层二维单层结构时,会改变体系结构的电子性质。先前的研究表明,金属原子插层可以有效诱导超导电性的出现,但插层的金属通常都会选择碱金属和碱土金属,而对过渡金属插层二维单层结构鲜有研究。因此,在这里选择了不同类型的金属原子,如碱金属,碱土金属,过渡金属,以及镧系金属元素。其中涉及各个周期、主族与副族元素,因而可以充分体现电子结构差异对于材料超导电性的影响。

彩图 5-1

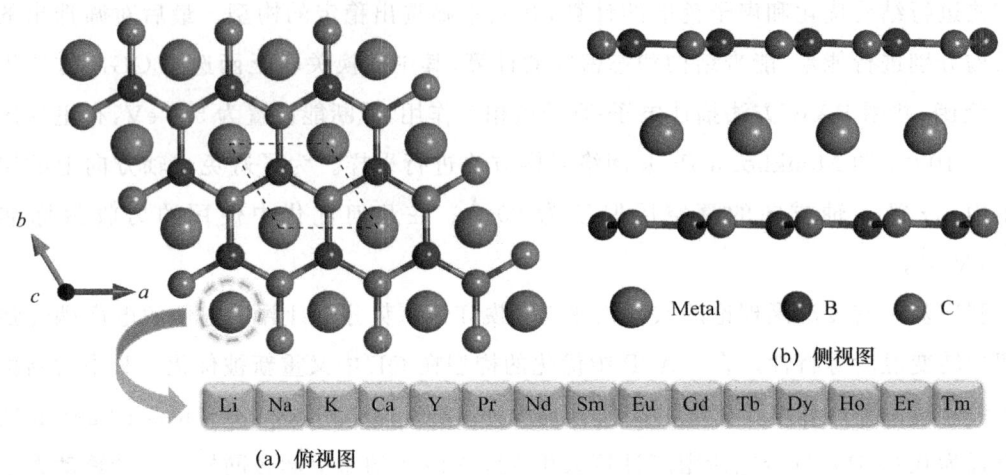

图 5-1 金属插层 M—B_2C_2 结构示意图

通过对不同金属插层二维硼碳结构的结构优化和晶体动力学稳定性的计算,最终得到15个可以稳定存在的插层结构。对15种结构进行充分优化之后,得到体系的晶格常数、厚度以及不同元素之间的键长如表5-1所示。经过对比不同结构的晶格常数和两个单层间的间距,可以看到Li元素对于材料晶体结构的影响是最小的,这与Li元素的在15种元素拥有最小原子序数是相一致的。通过Li、Na、K三种元素之间的对比可以看出同一主族不同周期元素之间的差异。随着周期数的增加,M金属原子的半径不断增加,同时M—B_2C_2结构的晶格常数与厚度也表现出一致的变化趋势。其中K原子拥有所有元素中最大的原子半径,所以K—B_2C_2结构的厚度也远超其他的M—B_2C_2结构。通过比较同一周期不同主族的元素K和Ca,可以看到随着原子序数的增加,原子半径减小,M—B_2C_2结构的厚度也随之减小。此外,由于Ca原子的拥有满壳层的4s电子,因此它与其他元素的相互作用相对较弱,从而可以解释其晶格常数比K原子大的现象,Y原子所表现出来的行为与Ca原子相似。对于镧系金属原子,可以看到由于相似的原子半径,其M—B_2C_2体系的晶格常数基本保持一致。有趣的是,其结构厚度在前几个镧系金属原子插层时保持在4.59 Å,但在Gd元素之后从4.59 Å骤降到4.11 Å,其原因可以归结为在Gd原子中,其 4f 与 5d 轨道都是半充满的状态,此时结构具有较高的稳定性。随着原子序数的增加,原子的外层出现更多活泼的电子,从而与层状结构中的 B、C 原子出现更强的相互作用,拉近了彼此之间的原子间距,从而整体厚度降低。

表 5-1　M—B_2C_2 结构的晶格常数(a)、厚度(d)和原子间键长　　　　单位:Å

结构	a	d	B—C	M—B	M—C	M—M
Li—B_2C_2	2.71	3.57	1.57	2.38	2.33	2.71
Na—B_2C_2	2.74	4.32	1.59	2.67	2.63	2.74
K—B_2C_2	2.78	4.99	1.60	3.01	2.97	2.78
Ca—B_2C_2	2.83	4.10	1.64	2.68	2.58	2.83
Y—B_2C_2	2.86	4.10	1.66	2.69	2.60	2.86
Pr—B_2C_2	2.88	4.59	1.66	2.86	2.80	2.88
Nd—B_2C_2	2.87	4.59	1.66	2.84	2.77	2.87
Sm—B_2C_2	2.86	4.59	1.65	2.79	2.72	2.86
Eu—B_2C_2	2.78	4.59	1.61	2.78	2.71	2.78
Gd—B_2C_2	2.85	4.59	1.65	2.74	2.67	2.85
Tb—B_2C_2	2.85	4.11	1.64	2.72	2.64	2.85
Dy—B_2C_2	2.85	4.11	1.65	2.70	2.61	2.85
Ho—B_2C_2	2.86	4.11	1.65	2.67	2.59	2.86
Er—B_2C_2	2.86	4.11	1.65	2.66	2.57	2.86
Tm—B_2C_2	2.86	4.11	1.65	2.64	2.56	2.86

通过对比表 5-1 中不同插层结构的结构信息可以看出,不同金属原子插层对于硼碳结构中的 B—C 键键长有着明显的影响。本征结构中的 B—C 键键长通常为 1.56 Å,掺入金属后,可以看到大部分结构中的 B—C 键键长为 1.65 Å,部分原子序数较小的金属原子的拉伸效果则没这么明显,如 Li、Na 插层结构中的 B—C 键键长只多出了 0.01 Å 与 0.03 Å。原子键长的改变将对原子之间电子相互作用的强弱造成明显的影响,这也是出现金属原子插层使得结构出现超导电性的原理之一。进一步地,得到了不同金属原子插层下 M—B 键与 M—C 键的键长随金属原子不同的变化,可以看到两种键长的变化趋势是一致的,其中 M—B 键长略大于 M—C 键长,这是由于 C 原子的原子序数大于 B 原子,因而 C 原子中的原子核对外层电子吸附能力更强,从而导致 C 原子的成键半径更小。通

过对元素周期表上元素进行横向与纵向的对比可以看到,相同族下的金属原子与BC相互作用,其M—B与M—C的键长随着元素周期的增加而增加;同一周期的元素,其M—B与M—C键长则随着原子序数的增加而减小。

通过以上分析可以看到,由于金属原子的插层,双层BC结构产生了一定的形变。该形变作用力是由于金属原子M中的电子与B、C原子中的电子相互作用。同时,结构形变的趋势表现出与金属原子M外层电子分布一致的变化规律,这充分说明了厘清金属原子M的电子结构对于该类体系研究的重要意义。

5.3.2 电子性质

为了探究15种稳定插层结构的电子性质,分别计算了它们的轨道投影能带结构图、态密度图以及相应的费米面,分别如图5-2和图5-3所示。计算结果表明,15种M—B_2C_2结构的能带都穿过了费米面,表现出了金属性。通常认为费米面附近的电子决定了材料的总体性质,因此重点放在费米面附近。在确定的15种金属中,碱金属Li、Na、K的费米面附近的电子态密度主要是C元素的p轨道,没有B元素的电子态出现。其他十二种金属的费米面附近的占据电子则是C元素的p轨道电子和B元素的p轨道电子,这与碱金属表现出来的性质很不同,说明插层金属原子M的出现在一定程度上改变了B—C之间的成键行为。由B的p轨道电子参与费米面形成的M—B_2C_2结构中,碱土金属Ca和过渡金属Y的B的p电子能级大部分处于费米面之上,而镧系金属的B-p电子则大量占据费米面以下的能级。

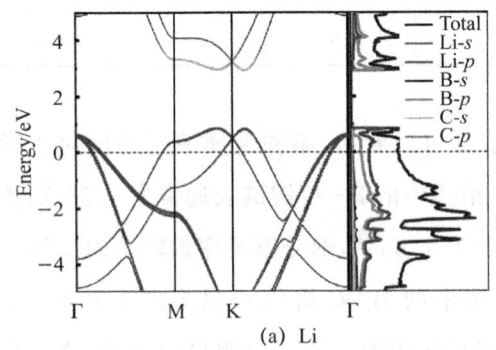

(a) Li

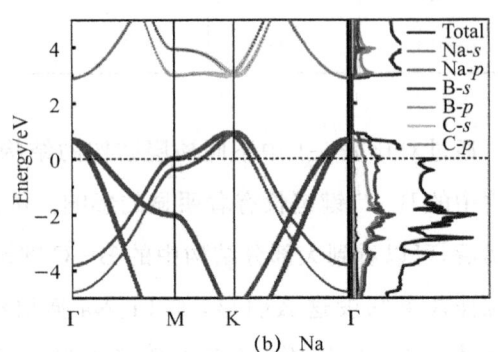

(b) Na

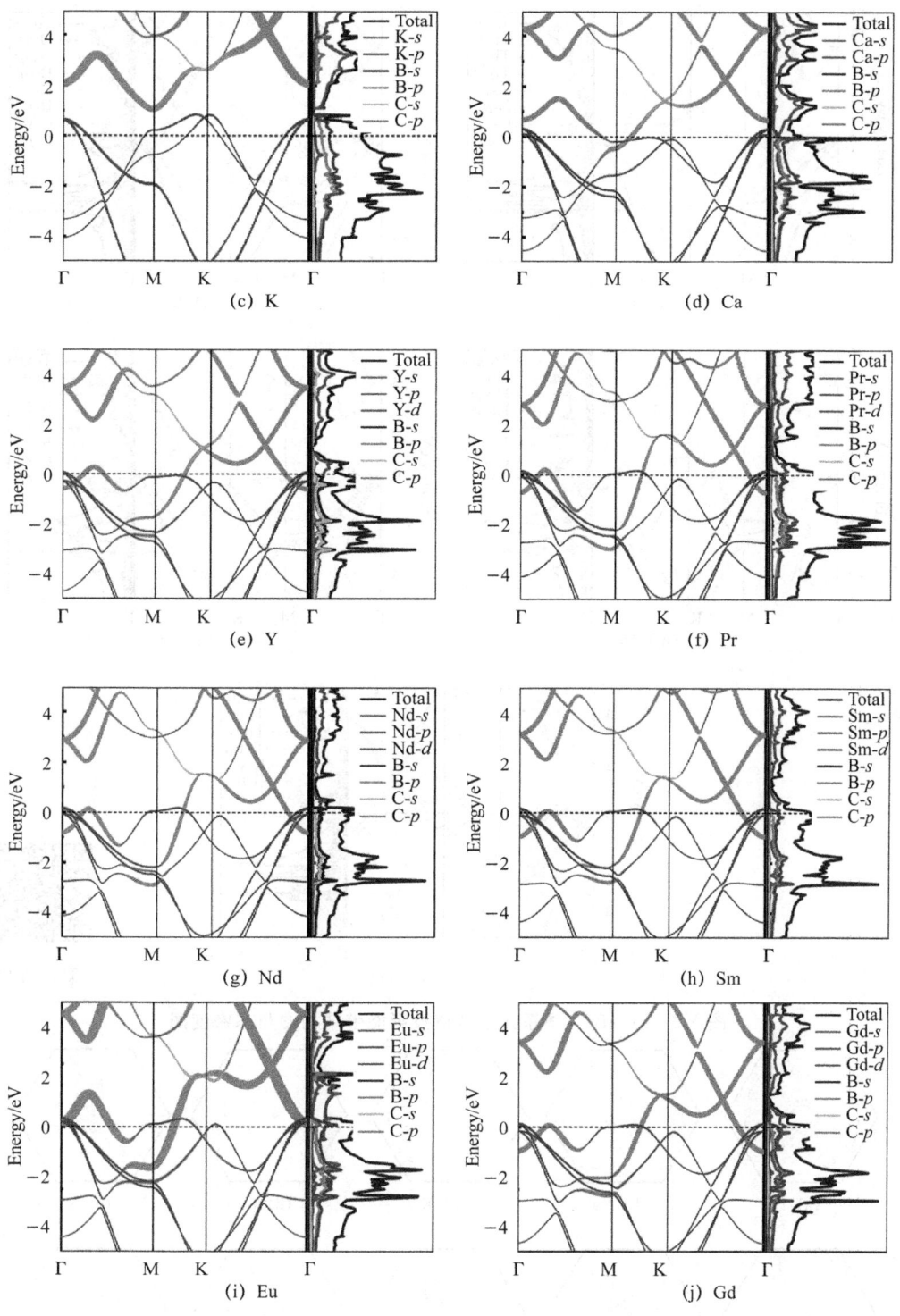

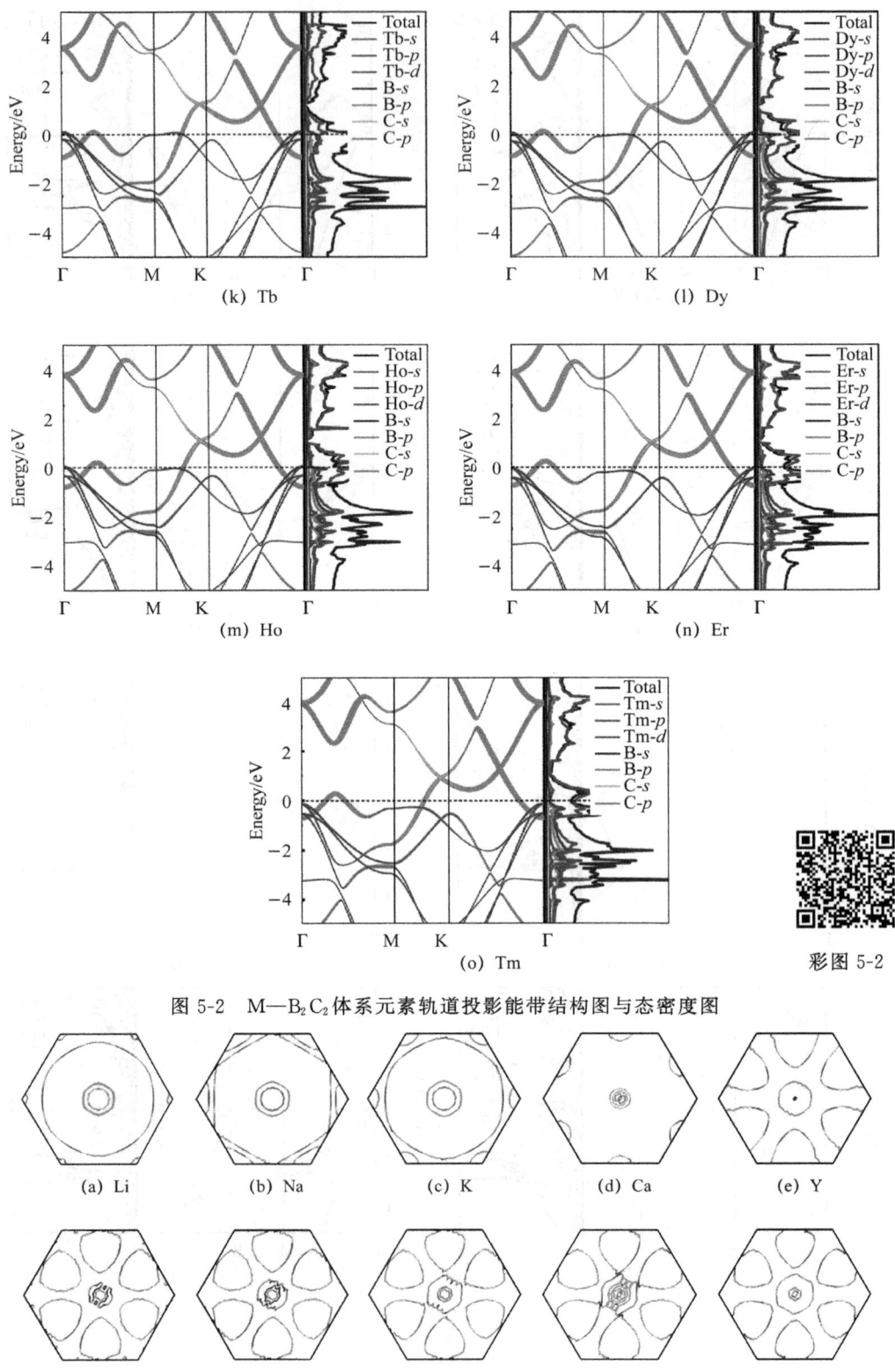

图 5-2　M—B_2C_2 体系元素轨道投影能带结构图与态密度图

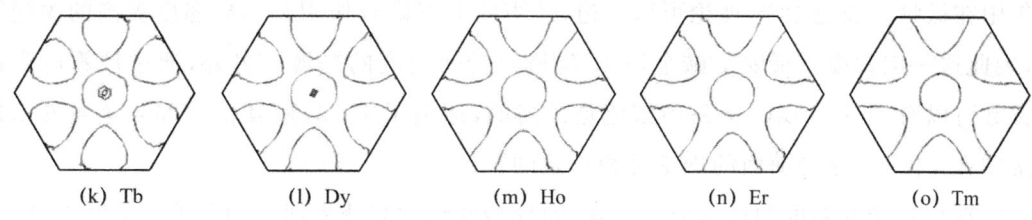

图 5-3 M—B_2C_2 体系的费米面

如图 5-3 所示,可以得到 M—B_2C_2 结构中电子穿过费米面的情况。以 K—B_2C_2 为例,可以看到从 Γ 点出发,费米面中总共穿过三条带到 M 点,从 M 点到 K 点,费米面则只穿过了一条带,最后从 K 点返回到 Γ 点,其间一共有四条能带穿过了费米面。因此,在一个完整的简约布里渊区中,一共有八条能带穿过了 K—B_2C_2 结构的费米面。利用类似的推论可以看到,Li—B_2C_2、Na—B_2C_2 结构中也是八条,而 Ca—B_2C_2、Y—B_2C_2、Pr—B_2C_2、Nd—B_2C_2、Sm—B_2C_2、Eu—B_2C_2、Gd—B_2C_2、Tb—B_2C_2、By—B_2C_2 结构中共有十条能带穿过费米面,镧系元素中靠后的 Ho—B_2C_2、Er—B_2C_2 与 Tm—B_2C_2 则只有六条能带穿过费米面。能带描述了电子能量和波矢空间中的位置的对应关系,因此,对于费米面周围能带性质的充分了解将有利于了解材料的电子输运性质。

彩图 5-3

5.3.3 超导特性

为了探索不同金属插层二维硼碳体系的超导特性,计算得到了 15 种材料的电声耦合强度、声子态密度、Eliashberg 谱函数 $α^2F(ω)$ 以及 $λ(ω)$,如图 5-4 所示。然后利用 McMillan-Allen-Dynes 方程求得了各个体系的超导转变温度,相应的结构参数和结果如表 5.2 所示。首先,通过这些结果可以看出,高超导转变温度的体系主要集中在碱金属插层的结构中,如 Li、Na 和 K。其中具有最高转变温度的结构是 K—B_2C_2,其超导转变温度达到了 53.39 K,而 Li—B_2C_2,Na—B_2C_2 的超导转变温度分别达到 44.91 K 和 50.83 K。对于过渡金属以及镧系金属来讲,它们的超导转变温度基本在 20 K 左右,且其超导温度有着随族序数增加而降低的趋势。从电子性质角度分析,这可能是由于 K 原子具有最低的电负性,因此它更容易失去电子,而失去的电子更易于硼碳中的电子相互作用。其次,通过观察不同体系之间电声耦合强度可以看到,超导转变温度较高的三种金属在声子谱的低频区域($<200\text{ cm}^{-1}$)以及高频区域($400 \sim 800\text{ cm}^{-1}$)之间都有着较强的电声耦合相互作用,如图 5-4(a)~(c)所示。其中红色的点越密表明体系在该处的电声耦合作用越强。而碱土金属的耦合强度主要集中在高频,过渡金属以及镧系金属的耦合强度金属主

要集中在低频。通过 BCS 理论可以知道,适当的电声耦合作用是超导温度提高的关键因素,因此这一定程度上反映了碱金属 K 高超导转变温度的来源。另外,通过计算电声耦合常数可以看到,K—B_2C_2 体系中该值是最高的,达到了 1.73,而其他大部分金属的该值都集中在 1 附近,这与前面的推论是相一致的。

根据超导转变温度的计算公式可知,超导转变温度与费米面上的电子态密度 $N(E_F)$、代数平均频率以及电声耦合强度存在一定的对应关系。通过比较 $N(E_F)$ 的值可以发现,在 M—B_2C_2 体系中拥有最高 $N(E_F)$ 的材料是 Nd—B_2C_2,其数量为 15.62,而拥有最高超导转变温度的 K—B_2C_2 对应的 $N(E_F)$ 只有 10.77,这是比大多数的镧系金属 BC 体系都要低的。同时由于该值反映的是在费米面能级上的电子数量,可以认为该值与穿过费米面的能带数有一定的对应关系。结合上面的分析,由于 K—B_2C_2 结构中穿过费米面的能带数为 8,而大多数镧系金属 BC 体系对应的数量为 10,可以看到这两者所反映的趋势是相一致的,同时该结果也表明 $N(E_F)$ 与超导转变温度之间并没有决定性关系。

如表 5-2 所示,镧系金属 M—B_2C_2 的超导转变温度基本在 21 K 上下,且从 Pr 元素到 Eu 元素之间的超导转变温度随着原子序数的增加而增加,而从 Eu 元素到 Tm 元素,体系的超导转变温度则随着原子序数的变大而减小。结合之前对体系晶体结构的分析,发现 M—B_2C_2 体系中 Eu 元素也是材料厚度发生转折变化的元素,因此,认为之前关于镧系最外层电子数的相关推论在一定程度上也适用于此。由于 Eu 元素刚好处于外壳层电子半充满的状态,其前后原子的电子排布行为会发生相应的变化,因此,导致了该超导温度转折点的出现。通过观察 Pr 到 Tm 金属 M—B_2C_2 的声子色散谱以及电声耦合强度,可以发现镧系金属的高频电声耦合强度(600~900 cm^{-1})同样呈现出了先升高后降低的趋势,其中 Eu—B_2C_2 恰好位于顶点处,这种吻合背后一定存在着仍待探索相关的机制。同时 K—B_2C_2 作为研究体系中超导转变温度最高的材料,可以发现在先前晶体结构的讨论中,K—B_2C_2 体系由于 K 元素较大的原子半径而具有最大的厚度,但是其晶格常数是较小的,这充分说明了 K—K 原子之间存在较强的电子相互作用,因此,该相互作用在一定程度上促进了 BC 体系超导电性的出现并使其获得了较高的超导转变温度。

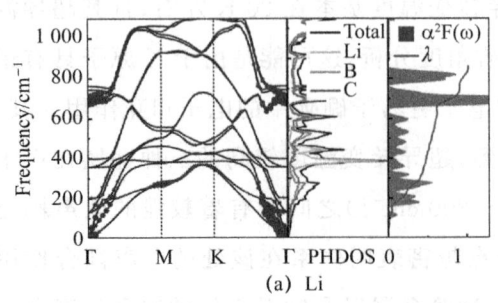
(a) Li

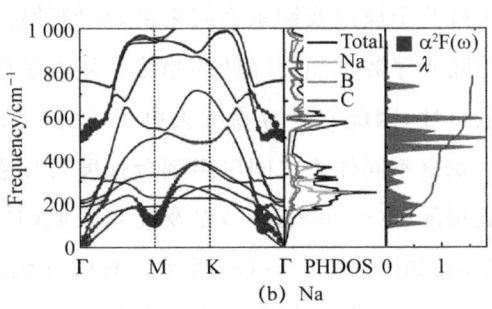
(b) Na

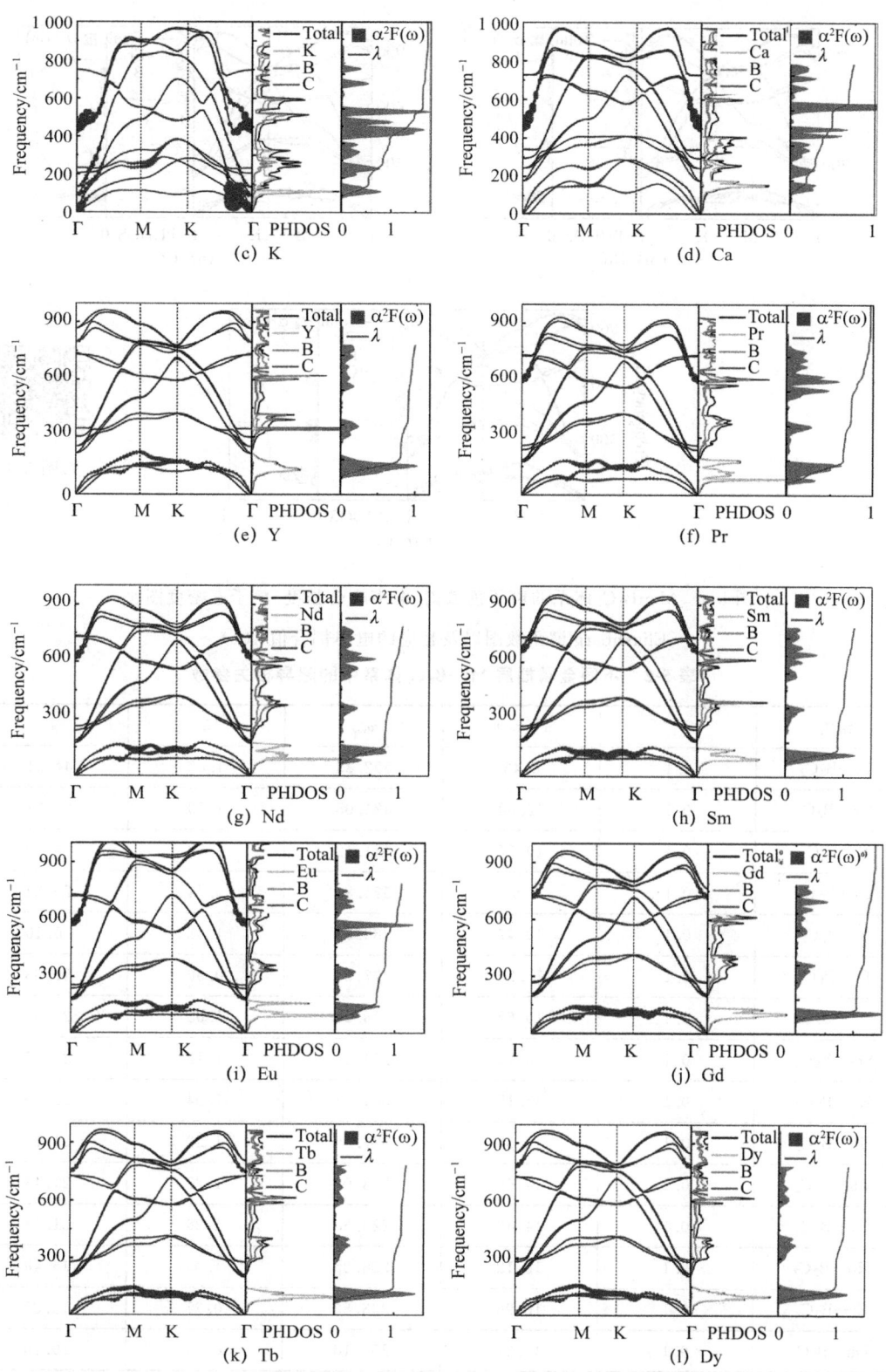

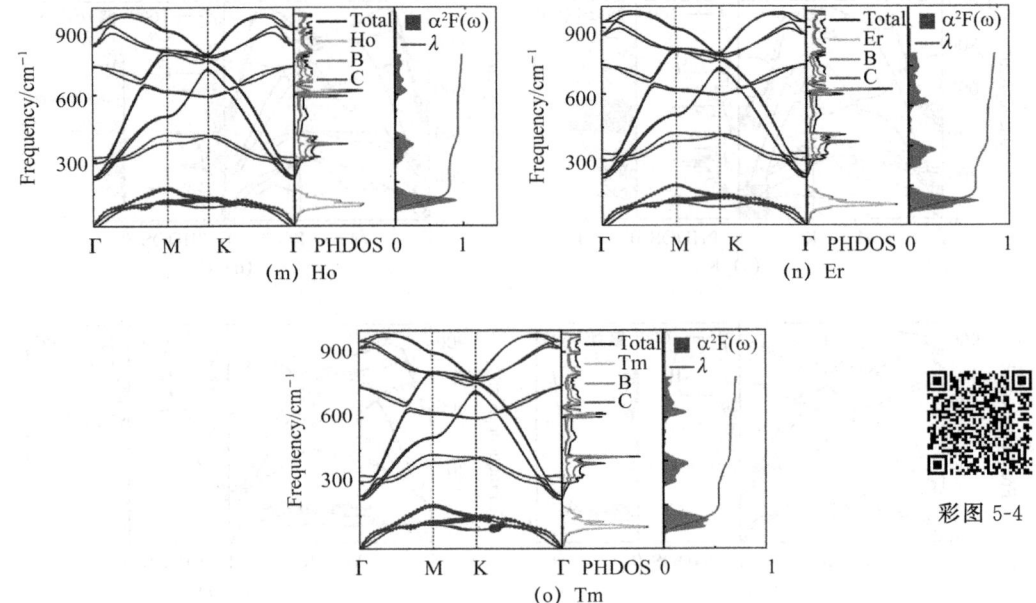

图 5-4 M—B_2C_2 体系的声子色散谱、电声耦合强度、声子态密度图、
Eliashberg 谱函数图以及相应的电声耦合值 $\lambda(\omega)$

表 5-2 不同金属插层 M—B_2C_2 体系中的超导相关参数

结构	μ^*	$N(E_F)$	$\omega_{\log}$	λ	T_c
Li—B_2C_2	0.1	8.43	592.89	1.05	44.91
Na—B_2C_2	0.1	12.00	421.05	1.59	50.83
K—B_2C_2	0.1	10.77	421.19	1.73	53.39
Ca—B_2C_2	0.1	8.61	524.80	0.74	20.84
Y—B_2C_2	0.1	12.47	280.03	1.02	20.10
Pr—B_2C_2	0.1	15.26	297.51	0.96	19.68
Nd—B_2C_2	0.1	15.62	278.18	1.05	20.98
Sm—B_2C_2	0.1	15.12	251.05	1.15	21.37
Eu—B_2C_2	0.1	13.18	301.77	1.04	22.33
Gd—B_2C_2	0.1	14.86	227.09	1.22	21.79
Tb—B_2C_2	0.1	14.46	223.04	1.27	21.43
Dy—B_2C_2	0.1	14.40	223.68	1.26	21.41
Ho—B_2C_2	0.1	12.12	226.25	1.05	18.49
Er—B_2C_2	0.1	10.96	238.82	0.87	13.37
Tm—B_2C_2	0.1	10.22	255.18	0.74	10.26

5.4 本章小结

本章主要探究了不同类型金属插层二维硼碳 $M—B_2C_2$（M 为碱金属、碱土金属和过渡金属）构型的稳定结构，系统地对比了它们的晶体结构、电子性质、声子色散、动态稳定性、电声耦合和超导特性等。计算结果表明，$K—B_2C_2$ 体系具有 53.39 K 的最高超导转变温度，这个数值远超了目前大部分二维材料。进一步分析可知，$K—B_2C_2$ 体系中较高的超导温度主要是源自 K 原子较小的电负性和声子软化所引起体系较强的电声耦合作用，使得其在与 BC 结构形成层状材料时，金属原子更易失去电子，以及在低频和高频处的电子和声子耦合作用都可以达到比较理想的强度。此外，通过分析 15 种 $M—B_2C_2$ 体系的超导转变温度的变化趋势发现，该数值与 M 金属原子的外层电子排布规律呈现出有趣的对应关系。本章系统地概况总结了金属插层二维硼碳化物的超导特性，这一总结可能刺激这些材料以及二维金属硼碳化物的实验合成。这些二维 $M—B_2C_2$ 的超导特性为实验提供了除二维硼之外的另一种选择——以硼碳为基础的二维形式所实现的超导构型。

第6章 结论与展望

6.1 总　　结

结构预测可以帮助研究人员发现新的二维碳基化合物,这些材料可能具有未知的性质和潜在的应用,进而有助于扩展材料研究领域,推动新材料的发展。本书结合第一性原理计算和全局结构搜索方法,预测了具有丰富物理特性的二维 C—Se 单层结构和具有高热力学稳定性的二维 Si—B—C 单层结构。此外,受近年金属插层二维硼单层在超导特性研究的启发,本书探索了多种不同类型金属插层硼碳单层化合物的结构稳定性和潜在的超导特性。本书总结如下。

① **单层富碳硒化物中电声耦合超导性和可调拓扑态**。通过第一性原理计算和全局结构搜索,首次从理论上预测了一类新型稳定的富碳二维 C—Se 单层结构,得到了不同组分下的三个低能量构型,分别是 C_4Se、C_5Se 和 C_6Se 单层。它们展现出奇特的电子性质和物理特性。结合第一性原理计算和 BCS 理论,本书研究了这些单层结构的电子性质和超导特性。计算结果表明,C_4Se 单层具有本征的超导特性,而 C_5Se 单层则通过 p 型掺杂调控后具有超导特性,且它们的超导临界温度分别可以达到 11.6 K 和 11.2 K,超越了多数的二维材料。此外,预测得到的 C_6Se 单层是一个具有 0.17 eV 能隙的窄带隙半导体。当通过应力调控使其带隙闭合后,其结构转变为具有狄拉克锥形态且伴随着表面态的拓扑绝缘体。

② **二维三元硅—硼—碳单层中的高热导率和本征超导特性**。利用 CALYPSO 结构预测软件对硅、硼、碳三种轻元素进行了二维晶体结构预测并发现了 $SiBC_4$、$SiBC_6$ 和 SiB_4C 三个不同组分的二维结构单层。结合密度泛函理论、紧束缚模型、玻尔兹曼输运理论以及超导理论,分别对三个结构的电子性质和电声输运特性进行了系统研究。计算结果表明,这三个单层结构都是力学、动力学和热力学稳定的,且在 1 500 K 高温下结构仍然能保持高的稳定性。有意思的是,三个结构都具有高的热导率,其中 $SiBC_4$ 单层的热导率最高可

到 240 W/(m·K)，超越了多数已知的二维材料。值得注意的是，SiB_4C 单层还具有本征的超导特性，其超导临界温度可以达到 12.2 K，这个值大于多数先前报道过的二维单层材料。

③ **金属插层二维硼碳结构的电声耦合超导性。**通过第一性原理计算系统全面地遍历探究了包含所有金属元素在内的金属插层硼碳单层结构的稳定性和物理特性，最终确定了 15 个结构并对它们的晶体结构、电子性质以及超导特性进行了系统研究。结果表明，$K—B_2C_2$ 体系具有最高的超导转变温度，其 T_c 可达到 53.39 K，这个数值远超了目前大部分二维材料。进一步分析可以得到 $K—B_2C_2$ 体系高超导温度的来源是 K 原子较小的电负性和体系中较强的电声耦合作用，使得其在与 BC 结构形成层状材料时，金属原子更易失去电子且结构中的电子和声子在低频和高频处的电声耦合作用都可以达到比较理想的强度。此外，通过分析 15 种 $M—B_2C_2$ 体系的超导转变温度的变化趋势发现，该数值与 M 金属原子的外层电子排布规律呈现出有趣的对应关系。

本书在湖北省教育厅科学技术研究项目"二维三元硅硼碳超导材料的结构设计和物性研究"（Q20234301）和荆楚理工学院科研基金项目"氢诱导二维碱（土）金属二硼化物的超导性质研究"（YY202401）等项目的资助下完成，特此致谢！

6.2 展　　望

本书基于粒子群优化算法的晶体结构预测方法对不同元素的二元和三元二维材料进行了结构预测，并探索了最低能量结构的稳定性和电子-声子输运特性，其中包括电声耦合主导的超导特性、可调节的拓扑特性以及电子-电子、声子-声子和电子-声子的热输运特性。未来着重关注二维碳基材料以下的几个方面。

① **深入理解超导拓扑相互作用机制。**进一步深入研究二维超导系统中拓扑相互作用的机制。通过更加精确的物理模型和先进的理论计算手段，揭示不同拓扑相之间的转变过程，并发现其对材料性质的影响。

② **开发新型拓扑超导材料。**基于我们对拓扑超导的探究经验，未来的研究将致力于开发新型拓扑超导材料。这些材料可能展现出更高的超导转变温度和更强的抗磁场性能，为超导技术的实际应用提供更多可能性。

③ **拓展到三维和多层体系。**将研究范围扩展到三维和多层超导体系，以在更为复杂条件下深化我们对拓扑超导性质的理解。这有助于揭示不同维度中拓扑效应的奇特之处，并为未来的量子信息和量子计算提供理论基础。

参 考 文 献

[1] Feynman R P. There's plenty of room at bottom[J]. Engineering and Science, 1960, 23(5): 22-36.

[2] Zhang H. Ultrathin two-dimensional nanomaterials[J]. ACS Nano, 2015, 9(10): 9451-9469.

[3] Peierls R. Quelques propriétés typiques des corps solides [J]. Annales de L'Institut Henri Poincaré, 1935, 5(3): 177-222.

[4] Landau L D. Zur theorie der phasenumwandlungen II[J]. Physikalische Zeitschrift der Sowjetunion, 1937, 11: 26-35.

[5] Mermin N D. Crystalline order in two dimensions[J]. Physical Review, 1968, 176(1): 250-254.

[6] Venables J A, Spiller G D, Hanbucken M. Nucleation and growth of thin films [J]. Reports on Progress in Physics, 1984, 47(4): 399-459.

[7] Novoselov K S, Geim A K, Morozov S V, et al. Electric field effect in atomically thin carbon films[J]. Science, 2004, 306(5696): 666-669.

[8] Meyer J C, Geim A K, Katsnelson M I, et al. The structure of suspended graphene sheets[J]. Nature, 2007, 446(7131): 60-63.

[9] Castro Neto A H, Guinea F, Peres N M R, et al. The electronic properties of graphene[J]. Reviews of Modern Physics, 2009, 81(1): 109-162.

[10] Chen J H, Jang C, Xiao S, et al. Intrinsic and extrinsic performance limits of graphene devices on SiO_2[J]. Nature Nanotechnology, 2008, 3(4): 206-209.

[11] Balandin A A, Ghosh S, Bao W, et al. Superior thermal conductivity of single-layer graphene[J]. Nano Letters, 2008, 8(3): 902-907.

[12] Novoselov K S, Jiang Z, Zhang Y, et al. Room-temperature quantum Hall effect in graphene[J]. Science, 2007, 315(5817): 1379-1382.

[13] Han J, Ryu S, Sohn D, et al. Mechanical strength characteristics of asymmetric

tilt grain boundaries in graphene[J]. Carbon, 2014, 68: 250-257.

[14] Ghosh S, Calizo I, Teweldebrhan D, et al. Extremely high thermal conductivity of graphene: prospects for thermal management applications in nanoelectronic circuits[J]. Applied Physics Letters, 2008, 92(15): 151911.

[15] Novoselov K S, Geim A K, Morozov S V, et al. Two-dimensional gas of massless dirac fermions in graphene[J]. Nature, 2005, 438(7065): 197-200.

[16] Kim K, Choi J Y, Kim T, et al. A role for graphene in silicon-based semiconductor devices[J]. Nature, 2011, 479(7373): 338-344.

[17] Liu H, Liu Y, Zhu D. Chemical doping of graphene[J]. Journal of Materials Is Chemistry, 2011, 21(10): 3335-3345.

[18] Naumis G G, Barraza-Lopez S, Oliva-Leyva M, et al. Electronic and optical properties of strained graphene and other strained 2D materials: a review[J]. Reports on Progress in Physics Physical Society, 2017, 80(9): 096501.

[19] Carr L D, Lusk M T. Graphene gets designer defects[J]. Nature Nanotechnology, 2010, 5(5): 316-317.

[20] Lopes dos Santos J M B, Peres N M R, Castro Neto A H. Graphene bilayer with a twist: electronic structure[J]. Physical Review Letters, 2007, 99(25): 256802.

[21] Mannix A J, Zhou X F, Kiraly B, et al. Synthesis of borophenes: anisotropic, two-dimensional boron polymorphs[J]. Science, 2015, 350(6267): 1513-1516.

[22] Tai G, Hu T, Zhou Y, et al. Synthesis of atomically thin boron films on copper foils[J]. Angewandte Chemie International Edition, 2015, 54(51): 15473-15477.

[23] Tritsaris G A, Kaxiras E, Meng S, et al. Adsorption and diffusion of lithium on layered silicon for Li-ion storage[J]. Nano Letters, 2013, 13(5): 2258-2263.

[24] Li L, Yu Y, Ye G J, et al. Black phosphorus field-effect transistors[J]. Nature Nanotechnology, 2014, 9(5): 372-377.

[25] Liu H, Neal A T, Zhu Z, et al. Phosphorene: an unexplored 2D semiconductor with a high hole mobility[J]. ACS Nano, 2014, 8(4): 4033-4041.

[26] Yuan J, Yu N, Xue K, et al. Stability, electronic and thermodynamic properties of aluminene from first-principles calculations[J]. Applied Surface Science, 2017, 409: 85-90.

[27] Kamal C, Chakrabarti A, Ezawa M. Aluminene as highly hole-doped graphene

[J]. New Journal of Physics, 2015, 17(8): 083014.

[28] Cahangirov S, Topsakal M, Aktürk E, et al. Two- and one-dimensional honeycomb structures of silicon and germanium[J]. Physical Review Letters, 2009, 102(23): 236804.

[29] Rivero P, Yan J A, García-Suárez V M, et al. Stability and properties of high-buckled two-dimensional tin and lead [J]. Physical Review B, 2014, 90(24): 241408.

[30] Zhang S, Yan Z, Li Y, et al. Atomically thin arsenene and antimonene: semimetal—semiconductor and indirect—direct band-gap transitions [J]. Angewandte Chemie International Edition, 2015, 54(10): 3112-3115.

[31] Molle A, Goldberger J, Houssa M, et al. Buckled two-dimensional Xene sheets [J]. Nature Materials, 2017, 16(2): 163-169.

[32] Wu B, Liu X, Yin J, et al. Bulk β-Te to few layered β-tellurenes: indirect to direct band-gap transitions showing semiconducting property[J]. Materials Research Express, 2017, 4(9): 095902.

[33] Zhang E, Wang T, Yu K, et al. Bismuth single atoms resulting from transformation of metal-organic frameworks and their use as electrocatalysts for CO_2 reduction[J]. Journal of the American Chemical Society, 2019, 141(42): 16569-16573.

[34] Manzeli S, Ovchinnikov D, Pasquier D, et al. 2D transition metal dichalcogenides[J]. Nature Reviews Materials, 2017, 2: 17033.

[35] Wang Y, Du P, Pan H, et al. Increasing solar absorption of atomically thin 2D carbon nitride sheets for enhanced visible-light photocatalysis[J]. Advanced Materials, 2019, 31(40): 1807540.

[36] Chen Q, Yang K, Shi B, et al. Principles for 2D-material-assisted nitrides epitaxial growth[J]. Advanced Materials, 2023, 35(18): 2211075.

[37] Gogotsi Y, Huang Q. MXenes: two-dimensional building blocks for future materials and devices[J]. ACS Nano, 2021, 15(4): 5775-5780.

[38] Boott C E, Nazemi A, Manners I. Synthetic covalent and non-covalent 2D materials [J]. Angewandte Chemie International Edition, 2015, 54(47): 13876-13894.

[39] Ishiwari F, Shoji Y, Fukushima T. Supramolecular scaffolds enabling the

controlled assembly of functional molecular units[J]. Chemical Science, 2018, 9 (8): 2028-2041.

[40] Chen Y, Star A, Vidal S. Sweet carbon nanostructures: carbohydrate conjugates with carbon nanotubes and graphene and their applications[J]. Chemical Society Reviews, 2013, 42(11): 4532-4542.

[41] Govindaraju T, Avinash M B. Two-dimensional nanoarchitectonics: organic and hybrid materials[J]. Nanoscale, 2012, 4(20): 6102-6117.

[42] Zhang N, Wang T. Synthesis methods of organic two-dimensional materials[J]. Journal of Polymer Science, 2020, 58(24): 3387-3401.

[43] Zhang K, Feng Y, Wang F, et al. Two dimensional hexagonal boron nitride (2D-hBN): synthesis, properties and applications[J]. Journal of Materials Chemistry C, 2017, 5(46): 11992-12022.

[44] Dai J, Zeng X C. Titanium trisulfide monolayer: theoretical prediction of a new direct-gap semiconductor with high and anisotropic carrier mobility [J]. Angewandte Chemie International Edition, 2015, 54(26): 7572-7576.

[45] Bandurin D A, Tyurnina A V, Yu G L, et al. High electron mobility, quantum Hall effect and anomalous optical response in atomically thin InSe[J]. Nature Nanotechnology, 2017, 12(3): 223-227.

[46] Huang B, Clark G, Navarro-Moratalla E, et al. Layer-dependent ferromagnetism in a van der Waals crystal down to the monolayer limit[J]. Nature, 2017, 546 (7657): 270-273.

[47] Luo X, Yang J, Liu H, et al. Predicting two-dimensional boron-carbon compounds by the global optimization method[J]. Journal of the American Chemical Society, 2011, 133(40): 16285-16290.

[48] Zhang H, Liao Y, Yang G, et al. Theoretical studies on the electronic and optical properties of honeycomb BC_3 monolayer: a promising candidate for metal-free photocatalysts[J]. ACS Omega, 2018, 3(9): 10517-10525.

[49] Fan D, Lu S, Guo Y, et al. Novel bonding patterns and optoelectronic properties of the two-dimensional Si_xC_y monolayers[J]. Journal of Materials Chemistry C, 2017, 5(14): 3561-3567.

[50] Li Y, Li F, Zhou Z, et al. SiC_2 silagraphene and its one-dimensional derivatives: where planar tetracoordinate silicon happens [J]. Journal of the American

Chemical Society, 2011, 133(4): 900-908.

[51] Wei W, Yang S, Wang G, et al. Bandgap engineering of two-dimensional C_3N bilayers[J]. Nature Electronics, 2021, 4(7): 486-494.

[52] Zhao Z, Yu T, Zhang S, et al. Metallic P_3C monolayer as anode for sodium-ion batteries[J]. Journal of Materials Chemistry A, 2019, 7(1): 405-411.

[53] Yu T, Zhao Z, Sun Y, et al. Two-dimensional PC_6 with direct band gap and anisotropic carrier mobility[J]. Journal of the American Chemical Society, 2019, 141(4): 1599-1605.

[54] Pu C, Zhou D, Li Y, et al. Two-dimensional C_4N global minima: Unique structural topologies and nanoelectronic properties[J]. The Journal of Physical Chemistry C, 2017, 121(5): 2669-2674.

[55] Fu X, Xie Y, Chen Y. Predicting two-dimensional carbon phosphide compounds: C_2P_4 by the global optimization method[J]. Computational Materials Science, 2018, 144: 70-75.

[56] Li T, He C, Zhang W. A novel porous C_4N_4 monolayer as a potential anchoring material for lithium—sulfur battery design[J]. Journal of Materials Chemistry A, 2019, 7(8): 4134-4144.

[57] Liu S, Du H, Li G, et al. Two-dimensional carbon dioxide with high stability, a negative Poisson's ratio and a huge band gap[J]. Physical Chemistry Chemical Physics, 2018, 20(31): 20615-20621.

[58] Wu X, Dai J, Zhao Y, et al. Two-dimensional boron monolayer sheets[J]. ACS Nano, 2012, 6(8): 7443-7453.

[59] Yu X, Li L, Xu X W, et al. Prediction of two-dimensional boron sheets by particle swarm optimization algorithm[J]. The Journal of Physical Chemistry C, 2012, 116(37): 20075-20079.

[60] Zhou X F, Dong X, Oganov A R, et al. Semimetallic two-dimensional boron allotrope with massless Dirac fermions[J]. Physical Review Letters, 2013, 112(8): 201-209.

[61] Ma F, Jiao Y, Gao G, et al. Graphene-like two-dimensional ionic boron with double dirac cones at ambient condition[J]. Nano Letters, 2016, 16(5): 3022-3028.

[62] Van Den Broek B, Houssa M, Scalise E, et al. Two-dimensional hexagonal tin:

ab initio geometry, stability, electronic structure and functionalization[J]. 2D Materials, 2014, 1(2): 021004.

[63] Zhu F F, Chen W J, Xu Y, et al. Epitaxial growth of two-dimensional stanene [J]. Nature Materials, 2015, 14(10): 1020-1025.

[64] Feng B, Ding Z, Meng S, et al. Evidence of silicene in honeycomb structures of silicon on Ag(111)[J]. Nano Letters, 2012, 12(7): 3507-3511.

[65] Ji J, Song X, Liu J, et al. Two-dimensional antimonene single crystals grown by van der Waals epitaxy[J]. Nature Communications, 2016, 7: 13352.

[66] Zhu Z, Tománek D. Semiconducting layered blue phosphorus: a computational study[J]. Physical Review Letters, 2014, 112(17): 176802.

[67] Zhuo Z, Wu X, Yang J. Two-dimensional phosphorus porous polymorphs with tunable band gaps[J]. Journal of the American Chemical Society, 2016, 138 (22): 7091-7098.

[68] Wang H, Li X, Liu Z, et al. ψ-Phosphorene: a new allotrope of phosphorene [J]. Physical Chemistry Chemical Physics, 2017, 19(3): 2402-2408.

[69] Zhang J L, Zhao S, Han C, et al. Epitaxial growth of single layer blue phosphorus: a new phase of two-dimensional phosphorus[J]. Nano Letters, 2016, 16(8): 4903-4908.

[70] Feng B, Zhang J, Zhong Q, et al. Experimental realization of two-dimensional boron sheets[J]. Nature Chemistry, 2016, 8(6): 563-568.

[71] Zhang S, Xie M, Li F, et al. Semiconducting Group 15 monolayers: a broad range of band gaps and high carrier mobilities [J]. Angewandte Chemie International Edition, 2016, 55(5): 1666-1669.

[72] Hussain N, Liang T, Zhang Q, et al. Ultrathin Bi nanosheets with superior photoluminescence[J]. Small, 2017, 13(36):1701349.

[73] Lu L, Liang Z, Wu L, et al. Few-layer bismuthene: sonochemical exfoliation, nonlinear optics and applications for ultrafast photonics with enhanced stability [J]. Laser & Photonics Reviews, 2017, 12(1).

[74] Reis F, Li G, Dudy L, et al. Bismuthene on a SiC substrate: a candidate for a high-temperature quantum spin hall material[J]. Science, 2017, 357(6348): 287-290.

[75] Gusmão R, Sofer Z, Bouša D, et al. Pnictogen (As, Sb, Bi) nanosheets for

electrochemical applications are produced by shear exfoliation using kitchen blenders[J]. Angewandte Chemie International Edition, 2017, 56(46): 14417-14422.

[76] Zhang S, Zhou J, Wang Q, et al. Penta-graphene: a new carbon allotrope[J]. Proceedings of the National Academy of Sciences of the United States America, 2015, 112(8): 2372-2377.

[77] Sahu T K, Kumar N, Chahal S, et al. Microwave synthesis of molybdenene from MoS_2[J]. Nature Nanotechnology, 2023, 18(12): 1430-1438.

[78] Wu X, Pei Y, Zeng X C. B_2C graphene, nanotubes, and nanoribbons[J]. Nano Letters, 2009, 9(4): 1577-1582.

[79] Popov I A, Boldyrev A I. Deciphering chemical bonding in a BC_3 honeycomb epitaxial sheet[J]. The Journal of Physical Chemistry C, 2012, 116(4): 3147-3152.

[80] Fan D, Lu S, Guo Y, et al. Two-dimensional stoichiometric boron carbides with unexpected chemical bonding and promising electronic properties[J]. Journal of Materials Chemistry C, 2018, 6(7): 1651-1658.

[81] Yang J H, Zhang Y, Yin W J, et al. Two-dimensional SiS layers with promising electronic and optoelectronic properties: theoretical prediction[J]. Nano Letters, 2016, 16(2): 1110-1117.

[82] Dai J, Zhao Y, Wu X, et al. Exploration of structures of two-dimensional boron-silicon compounds with sp2 silicon[J]. Journal of Physical Chemistry Letters, 2013, 4(4): 561-567.

[83] Jiao Y, Ma F, Bell J, et al. Two-dimensional boron hydride sheets: high stability, massless dirac fermions, and excellent mechanical properties[J]. Angewandte Chemie International Edition, 2016, 55(35): 10292-10295.

[84] Huang B, Zhuang H L, Yoon M, et al. Highly stable two-dimensional silicon phosphides: different stoichiometries and exotic electronic properties[J]. Physical Review B, 2015, 91(12): 121401.

[85] Luo W, Xiang H. Two-dimensional phosphorus oxides as energy and information materials[J]. Angewandte Chemie International Edition, 2016, 55(30): 8575-8580.

[86] Shi Z, Zhang Z, Kutana A, et al. Predicting two-dimensional silicon carbide

monolayers[J]. ACS Nano, 2015, 9(10): 9802-9809.

[87] Ding Y, Wang Y. Geometric and electronic structures of two-dimensional SiC_3 compound[J]. The Journal of Physical Chemistry C, 2014, 118(8): 4509-4515.

[88] Gao Z Y, Xu W, Gao Y, et al. Experimental realization of atomic monolayer Si_9C_{15}[J]. Advanced Materials, 2022, 34(35): 2204779.

[89] Zhang R, Li Z, Yang J. Two-dimensional stoichiometric boron oxides as a versatile platform for electronic structure engineering[J]. Journal of Physical Chemistry Letters, 2017, 8(18): 4347-4353.

[90] Yan L, Liu P F, Li H, et al. Theoretical dissection of superconductivity in two-dimensional honeycomb borophene oxide B_2O crystal with a high stability[J]. NPJ Computational Materials, 2020, 6:94.

[91] Gao Z, Dong X, Li N, et al. Novel two-dimensional silicon dioxide with in-plane negative poisson's ratio[J]. Nano Letters, 2017, 17(2): 772-777.

[92] Wang G, Loh G C, Pandey R, et al. Novel two-dimensional silica monolayers with tetrahedral and octahedral configurations[J]. Journal of Physical Chemistry C, 2015, 119(27): 15654-15660.

[93] Ben Romdhane F, Björkman T, Rodríguez-Manzo J A, et al. In situ growth of cellular two-dimensional silicon oxide on metal substrates[J]. ACS Nano, 2013, 7(6): 5175-5180.

[94] Kong P, Zhang X, Wang J, et al. Electron-phonon coupling superconductivity and tunable topological state in carbon-rich selenide monolayers[J]. Physical Review B, 2023, 107(18): 184115.

[95] Xie S Y, Li X B, Tian W Q, et al. First-principles calculations of a robust two-dimensional boron honeycomb sandwiching a triangular molybdenum layer[J]. Physical Review B, 2014, 90(3): 035447.

[96] Qu X, Yang J, Wang Y, et al. A two-dimensional TiB_4 monolayer exhibits planar octacoordinate Ti[J]. Nanoscale, 2017, 9(45): 17983-17990.

[97] Wang J, Khazaei M, Arai M, et al. Semimetallic two-dimensional TiB_{12}: improved stability and electronic properties tunable by biaxial strain[J]. Chemistry of Materials, 2017, 29(14): 5922-5930.

[98] Zhang H, Li Y, Hou J, et al. FeB_6 monolayers: the graphene-like material with hypercoordinate transition metal[J]. Journal of the American Chemical Society,

2016, 138(17): 5644-5651.

[99] Zhang H, Li Y, Hou J, et al. Dirac state in the FeB$_2$ monolayer with graphene-like boron sheet[J]. Nano Letters, 2016, 16(10): 6124-6129.

[100] Guo Z, Zhou J, Sun Z. New two-dimensional transition metal borides for Li ion batteries and electrocatalysis[J]. Journal of Materials Chemistry A, 2017, 5(45): 23530-23535.

[101] Yan L, Bo T, Liu P F, et al. Prediction of phonon-mediated superconductivity in two-dimensional Mo$_2$B$_2$[J]. Journal of Materials Chemistry C, 2019, 7(9): 2589-2595.

[102] Zhou J, Palisaitis J, Halim J, et al. Boridene: two-dimensional Mo$_{4/3}$B$_{2-x}$ with ordered metal vacancies obtained by chemical exfoliation[J]. Science, 2021, 373(6556): 801-805.

[103] Jiang Z, Wang P, Jiang X, et al. MBene (MnB): a new type of 2D metallic ferromagnet with high curie temperature[J]. Nanoscale Horizons, 2018, 3(3): 335-341.

[104] Wang B, Yuan S, Li Y, et al. A new Dirac cone material: a graphene-like Be$_3$C$_2$ monolayer[J]. Nanoscale, 2017, 9(17): 5577-5582.

[105] Li Y, Liao Y, Chen Z. Be$_2$C monolayer with quasi-planar hexacoordinate carbons: a global minimum structure[J]. Angewandte Chemie International Edition, 2014, 128(28): 7376-7380.

[106] Wang Y, Li F, Li Y, et al. Semi-metallic Be$_5$C$_2$ monolayer global minimum with quasi-planar pentacoordinate carbons and negative Poisson's ratio[J]. Nature Communications, 2016, 7: 11488.

[107] Dai J, Wu X, Yang J, et al. Al$_x$C monolayer sheets: two-dimensional networks with planar tetracoordinate carbon and potential applications as donor materials in solar cell[J]. Journal of Physical Chemistry Letters, 2014, 5(12): 2058-2065.

[108] Li Y, Liao Y, Von Ragué Schleyer P, et al. Al$_2$C monolayer: the planar tetracoordinate carbon global minimum[J]. Nanoscale, 2014, 6(18): 10784-10791.

[109] Zhang Z, Liu X, Yakobson B I, et al. Two-dimensional tetragonal TiC monolayer sheet and nanoribbons[J]. Journal of the American Chemical

Society, 2012, 134(47): 19326-19329.

[110] Hu L, Wu X, Yang J. Mn$_2$C monolayer: a 2D antiferromagnetic metal with high Néel temperature and large spin-orbit coupling[J]. Nanoscale, 2016, 8(26): 12939-12945.

[111] Liu Y, Jiang Y, Hu Z, et al. In-situ electrochemically activated surface vanadium valence in V$_2$C MXene to achieve high capacity and superior rate performance for Zn-ion batteries[J]. Advanced Functional Materials, 2021, 31(8): 2008033.

[112] Wang B, Frapper G. Prediction of two-dimensional Cu$_2$C with polyacetylene-like motifs and Dirac nodal line[J]. Physical Review Materials, 2021, 5(3): 034003.

[113] Wu F, Huang C, Wu H, et al. Atomically thin transition-metal dinitrides: high-temperature ferromagnetism and half-metallicity[J]. Nano Letters, 2015, 15(12): 8277-8281.

[114] Liu P F, Zhou L, Frauenheim T, et al. A graphene-like Mg$_3$N$_2$ monolayer: high stability, desirable direct band gap and promising carrier mobility[J]. Physical Chemistry Chemical Physics, 2016, 18(44): 30379-30384.

[115] Zhang C, Liu J, Shen H, et al. Identifying the ground state geometry of a MoN$_2$ sheet through a global structure search and its tunable p-electron half-metallicity[J]. Chemistry of Materials, 2017, 29(20): 8588-8593.

[116] Kuklin A V, Kuzubov A A, Kovaleva E A, et al. Two-dimensional hexagonal CrN with promising magnetic and optical properties: a theoretical prediction[J]. Nanoscale, 2017, 9(2): 621-630.

[117] Li F, Wang Y, Wu H, et al. Benzene-like N$_6$ rings in a Be$_2$N$_6$ monolayer: a stable 2D semiconductor with high carrier mobility[J]. Journal of Materials Chemistry C, 2017, 5(44): 11515-11521.

[118] Zhang C, Sun Q. A honeycomb BeN$_2$ sheet with a desirable direct band gap and high carrier mobility[J]. Journal of Physical Chemistry Letters, 2016, 7(14): 2664-2670.

[119] Gong S, Zhang C, Wang S, et al. Ground-state structure of YN$_2$ monolayer identified by global search[J]. The Journal of Physical Chemistry C, 2017, 121(18): 10258-10264.

[120] Kan M, Zhou J, Sun Q, et al. The intrinsic ferromagnetism in a MnO_2 monolayer[J]. Journal of Physical Chemistry Letters, 2013, 4(20): 3382-3386.

[121] Meng L, Zhang Y, Zhang J, et al. Completely flat 2D Zn_3O_2 monolayer with triangle and pentangle coordinated networks[J]. Journal of Physics Condensed Matter, 2018, 30(9): 095301.

[122] Ma Y, Kuc A, Heine T. Single-layer Tl_2O: a metal-shrouded 2D semiconductor with high electronic mobility[J]. Journal of the American Chemical Society, 2017, 139(34): 11694-11697.

[123] Xu Y, Wang S, Yang J, et al. In-situ grown nanocrystal TiO_2 on 2D Ti_3C_2 nanosheets for artificial photosynthesis of chemical fuels[J]. Nano Energy, 2018, 51: 442-450.

[124] Yan L, Liu P F, Bo T, et al. Emergence of superconductivity in a Dirac nodal-line Cu_2Si monolayer: *ab initio* calculations[J]. Journal of Materials Chemistry C, 2019, 7(35): 10926-10932.

[125] Wang Y, Qiao M, Li Y, et al. A two-dimensional CaSi monolayer with quasi-planar pentacoordinate silicon[J]. Nanoscale Horizons, 2018, 3(3): 327-334.

[126] Sun Y, Zhuo Z, Wu X, et al. Room-temperature ferromagnetism in two-dimensional Fe_2Si nanosheet with enhanced spin-polarization ratio[J]. Nano Letters, 2017, 17(5): 2771-2777.

[127] Lan X, Yu L, Lv X, et al. 2D transition-metal silicides as analogs of MXenes: a first-principles exploration[J]. Physica Status Solidi RRL—Rapid Research Letters, 2021, 15(6): 2100048.

[128] Zhang Y, Pang J, Zhang M, et al. Two-Dimensional Co_2S_2 monolayer with robust ferromagnetism[J]. Scientific Reports, 2017, 7(1): 15993.

[129] Island J O, Biele R, Barawi M, et al. Titanium trisulfide (TiS_3): a 2D semiconductor with quasi-1D optical and electronic properties[J]. Scientific Reports, 2016, 6: 22214.

[130] Wang Y, Li Y, Chen Z. Not your familiar two dimensional transition metal disulfide: structural and electronic properties of the PdS_2 monolayer[J]. Journal of Materials Chemistry C, 2015, 3(37): 9603-9608.

[131] Yuan S, Zhou Q, Wu Q, et al. Prediction of a room-temperature eight-coordinate two-dimensional topological insulator: penta-RuS_4 monolayer[J].

NPJ 2D Materials and Applications, 2017, 1: 29.

[132] Zhang W B, Qu Q, Zhu P, et al. Robust intrinsic ferromagnetism and half semiconductivity in stable two-dimensional single-layer chromium trihalides[J]. Journal of Materials Chemistry C, 2015, 3(48): 12457-12468.

[133] Ashton M, Gluhovic D, Sinnott S B, et al. Two-dimensional intrinsic half-metals with large spin gaps[J]. Nano Letters, 2017, 17(9): 5251-5257.

[134] Mortazavi B, Shahrokhi M, Makaremi M, et al. Theoretical realization of Mo_2P: a novel stable 2D material with superionic conductivity and attractive optical properties[J]. Applied Materials Today, 2017, 9: 292-299.

[135] Yang S, Chen G, Ricciardulli A G, et al. Topochemical synthesis of two-dimensional transition-metal phosphides using phosphorene templates [J]. Angewandte Chemie International Edition, 2020, 59(1): 465-470.

[136] Miao N, Xu B, Bristowe N C, et al. Tunable magnetism and extraordinary sunlight absorbance in indium triphosphide monolayer[J]. Journal of the American Chemical Society, 2017, 139(32): 11125-11131.

[137] Zhuang H L, Xie Y, Kent P R C, et al. Computational discovery of ferromagnetic semiconducting single-layer $CrSnTe_3$ [J]. Physical Review B, 2015, 92(3): 035407.

[138] Gong C, Li L, Li Z, et al. Discovery of intrinsic ferromagnetism in two-dimensional van der Waals crystals[J]. Nature, 2017, 546(7657): 265-269.

[139] Zhang M, Gao G, Kutana A, et al. Two—dimensional boron—nitrogen—carbon monolayers with tunable direct band gaps[J]. Nanoscale, 2015, 7(28): 12023-12029.

[140] Beniwal S, Hooper J, Miller D P, et al. Graphene-like boron-carbon-nitrogen monolayers[J]. ACS Nano, 2017, 11(3): 2486-2493.

[141] Khan I, Hashmi A, Umar Farooq M, et al. Two-dimensional magnetic semiconductor in feroxyhyte[J]. ACS Applied Materials & Interfaces, 2017, 9(40): 35368-35375.

[142] Bafekry A, Naseri M, Faraji M, et al. Theoretical prediction of two-dimensional BC_2X (X = N, P, As) monolayers: ab initio investigations[J]. Scientific Reports, 2022, 12(1): 22269.

[143] Tang M, Wang C, Schwingenschlögl U, et al. BC_6P monolayer: isostructural

and isoelectronic analogues of graphene with desirable properties for K-ion batteries[J]. Chemistry of Materials, 2021, 33(23): 9262-9269.

[144] Song S, Guan J, Tománek D. Low-symmetry two-dimensional BNP_2 and C_2SiS structures with high and anisotropic carrier mobilities[J]. Physical Review Materials, 2020, 4(11).

[145] Liu Z, Tao L, Zhang Y F. et al. Designing two-dimensional ferroelectric materials from phosphorus-analogue structures[J]. Nano Research, 2023, 16(4): 5834-5842.

[146] Li X, Zhu Z, Yang Q, et al. Monolayer puckered pentagonal VTe_2: an emergent two-dimensional ferromagnetic semiconductor with multiferroic coupling[J]. Nano Research, 2022, 15(2): 1486-1491.

[147] Miao N, Gong Y, Zhang H, et al. Discovery of two-dimensional hexagonal MBene HfBO and exploration on its potential for Lithium-ion storage[J]. Angewandte Chemie International Edition, 2023, 62(36): e202308436.

[148] Duan R, Zhu C, Zeng Q, et al. PdPSe: component-fusion-based topology designer of two-dimensional semiconductor[J]. Advanced Functional Materials, 2021, 31(35): 2102943.

[149] Guo Y, Zhou J, Xie H, et al. Screening transition metal-based polar pentagonal monolayers with large piezoelectricity and shift current[J]. NPJ Computational Materials, 2022, 8: 40.

[150] Zhao Z, Hu Z, Li Q, et al. Designing two-dimensional WS_2 layered cathode for high-performance aluminum-ion batteries: from micro-assemblies to insertion mechanism[J]. Nano Today, 2020, 32: 100870.

[151] Xing S, Zhou J, Zhang X, et al. Theory, properties and engineering of 2D magnetic materials[J]. Progress in Materials Science, 2023, 132: 101036.

[152] Shalnikov A. Superconducting thin films[J]. Nature, 1938, 142(3584): 74.

[153] Saito Y, Nojima T, Iwasa Y. Highly crystalline 2D superconductors[J]. Nature Reviews Materials, 2016, 2: 16094.

[154] Ludbrook B M, Levy G, Nigge P, et al. Evidence for superconductivity in Li-decorated monolayer graphene[J]. Proceedings of the National Academy of Sciences of the United States of America, 2015, 112(38): 11795-11799.

[155] Guzman D M, Alyahyaei H M, Jishi R A. Superconductivity in graphene-

lithium[J]. 2D Materials, 2014, 1(2): 021005.

[156] Savini G, Ferrari A C, Giustino F. First-principles prediction of doped graphane as a high-temperature electron-phonon superconductor[J]. Physical Review Letters, 2010, 105(3): 037002.

[157] Ichinokura S, Sugawara K, Takayama A, et al. Superconducting calcium-intercalated bilayer graphene[J]. ACS Nano, 2016, 10(2): 2761-2765.

[158] Cao Y, Fatemi V, Fang S, et al. Unconventional superconductivity in magic-angle graphene superlattices[J]. Nature, 2018, 556(7699): 43-50.

[159] Cao Y, Fatemi V, Demir A, et al. Correlated insulator behaviour at half-filling in magic-angle graphene superlattices[J]. Nature, 2018, 556(7699): 80-84.

[160] Morissette E, Lin J X, Sun D, et al. Dirac revivals drive a resonance response in twisted bilayer graphene[J]. Nature Physics, 2023, 19(8): 1156-1162.

[161] Kögl M, Soubelet P, Brotons-Gisbert M, et al. Moiré straintronics: A universal platform for reconfigurable quantum materials[J]. NPJ 2D Materials and Applications, 2023, 7(1): 32.

[162] Kim H W. Recent progress in the role of grain boundaries in two-dimensional transition metal dichalcogenides studied using scanning tunneling microscopy/spectroscopy[J]. Applied Microscopy, 2023, 53(1): 5.

[163] Wilson J A, Di Salvo F J, Mahajan S. Charge-density waves and superlattices in the metallic layered transition metal dichalcogenides[J]. Advances in Physics, 1975, 24(2): 117-201.

[164] Chan S K, Heine V. Spin density wave and soft phonon mode from nesting Fermi surfaces[J]. Journal of Physics F: Metal Physics, 1973, 3(4): 795-809.

[165] Xi X, Zhao L, Wang Z, et al. Strongly enhanced charge-density-wave order in monolayer $NbSe_2$[J]. Nature Nanotechnology, 2015, 10(9): 765-769.

[166] Chi Z, Chen X, Yen F, et al. Superconductivity in pristine $2H_a$-MoS_2 at ultrahigh pressure[J]. Physical Review Letters, 2018, 120(3): 037002.

[167] Dai J, Li Z, Yang J, et al. A first-principles prediction of two-dimensional superconductivity in pristine B_2C single layers[J]. Nanoscale, 2012, 4(10): 3032-3035.

[168] Nagamatsu J, Nakagawa N, Muranaka T, et al. Superconductivity at 39K in magnesium diboride[J]. Nature, 2001, 410(6824): 63-64.

[169] Bekaert J, Aperis A, Partoens B, et al. Evolution of multigap superconductivity in the atomically thin limit: strain-enhanced three-gap superconductivity in monolayer MgB$_2$[J]. Physical Review B, 2017, 96(9): 094510.

[170] Zhao Y, Lian C, Zeng S, et al. Two-gap and three-gap superconductivity in AlB$_2$-based films[J]. Physical Review B, 2019, 100(9): 094516.

[171] Pei C, Zhang J, Wang Q, et al. Pressure-induced superconductivity at 32 K in MoB$_2$[J]. National Science Review, 2023, 10(5).

[172] Song B, Zhou Y, Yang H M, et al. Two-dimensional Anti-Van't Hoff/Le Bel array AlB$_6$ with high stability, unique motif, triple Dirac cones, and superconductivity[J]. Journal of the American Chemical Society, 2019, 141(8): 3630-3640.

[173] Duan F, Wei D, Chen A, et al. Efficient modulation of thermal transport in two-dimensional materials for thermal management in device applications[J]. Nanoscale, 2023, 15(4): 1459-1483.

[174] Moore A L, Shi L. Emerging challenges and materials for thermal management of electronics[J]. Materials Today, 2014, 17(4): 163-174.

[175] Glassbrenner C J, Slack G A. Thermal conductivity of silicon and germanium from 3°K to the melting point[J]. Physical Review, 1964, 134(4A): A1058-A1069.

[176] Chen R, Hochbaum A I, Murphy P, et al. Thermal conductance of thin silicon nanowires[J]. Physical Review Letters, 2008, 101(10): 105501.

[177] Ghosh S, Bao W, Nika D L, et al. Dimensional crossover of thermal transport in few-layer graphene[J]. Nature Materials, 2010, 9(7): 555-558.

[178] Luo Z, Maassen J, Deng Y, et al. Anisotropic in-plane thermal conductivity observed in few-layer black phosphorus[J]. Nature Communications, 2015, 6: 8572.

[179] Gooth J, Menges F, Kumar N, et al. Thermal and electrical signatures of a hydrodynamic electron fluid in tungsten diphosphide[J]. Nature Communications, 2018, 9(1): 4093.

[180] Lee S, Broido D, Esfarjani K, et al. Hydrodynamic phonon transport in suspended graphene[J]. Nature Communications, 2015, 6: 6290.

[181] Gu X, Wei Y, Yin X, et al. Colloquium: phononic thermal properties of two-

dimensional materials[J]. Reviews of Modern Physics, 2018, 90(4): 041002.

[182] Li Y, Zhang J, Xu X, et al. Advances in bismuth-based topological quantum materials by scanning tunneling microscopy[J]. Materials Futures, 2022, 1(3): 032202.

[183] Ando Y. Topological insulator materials[J]. Journal of the Physical Society of Japan, 2013, 82(10): 102001.

[184] Armitage N P, Mele E J, Vishwanath A. Weyl and dirac semimetals in three-dimensional solids[J]. Reviews of Modern Physics, 2018, 90: 015001.

[185] Ren Y, Qiao Z, Niu Q. Topological phases in two-dimensional materials: a review[J]. Reports on Progress in Physics Physical Society, 2016, 79(6): 066501.

[186] Wang Y, Zhu D, Wu Y, et al. Room temperature magnetization switching in topological insulator-ferromagnet heterostructures by spin-orbit torques[J]. Nature Communications, 2017, 8(1): 1364.

[187] Rostami H, Guinea F, Polini M, et al. Piezoelectricity and valley Chern number in inhomogeneous hexagonal 2D crystals[J]. NPJ 2D Materials and Applications, 2018, 2(1): 15.

[188] Qin W, Li L, Zhang Z. Chiral topological superconductivity arising from the interplay of geometric phase and electron correlation[J]. Nature Physics, 2019, 15(8): 796-802.

[189] Ming F, Wu X, Chen C, et al. Evidence for chiral superconductivity on a silicon surface[J]. Nature Physics, 2023, 19(4): 500-506.

[190] Liu W, Cao L, Zhu S, et al. A new Majorana platform in an Fe-As bilayer superconductor[J]. Nature Communications, 2020, 11(1): 5688.

[191] Zhou Z, Hou F, Huang X, et al. Stack growth of wafer-scale van der Waals superconductor heterostructures[J]. Nature, 2023, 621(7979): 499-505.

[192] Chen H, Yang H, Hu B, et al. Roton pair density wave in a strong-coupling kagome superconductor[J]. Nature, 2021, 599(7884): 222-228.

[193] Schrödinger E. An undulatory theory of the mechanics of atoms and molecules[J]. Physical Review, 1926, 28(6): 1049-1070.

[194] Born M, Oppenheimer R. Zur quantentheorie der molekeln[J]. Annalen der Physik, 1927, 389(20): 457-484.

[195] Slater J C. A simplification of the hartree-Fock method[J]. Physical Review, 1951, 81(3): 385-390.

[196] Hohenberg P, Kohn W. Inhomogeneous electron gas[J]. Physical Review, 1964, 136(3B): B864-B871.

[197] Sham L J, Kohn W. One-particle properties of an inhomogeneous interacting electron gas[J]. Physical Review, 1966, 145(2): 561-567.

[198] Jones R O, Gunnarsson O. The density functional formalism, its applications and prospects[J]. Reviews of Modern Physics, 1989, 61(3): 689-746.

[199] Levy M, Perdew J P. Density functionals for exchange and correlation energies: exact conditions and comparison of approximations[J]. International Journal of Quantum Chemistry, 1994, 49(4): 539-548.

[200] Tao J, Perdew J P, Staroverov V N, et al. Climbing the density functional ladder: nonempirical meta-generalized gradient approximation designed for molecules and solids[J]. Physical Review Letters, 2003, 91(14): 146401.

[201] Heyd J, Scuseria G E, Ernzerhof M. Hybrid functionals based on a screened coulomb potential[J]. The Journal of Chemical Physics, 2003, 118(18): 8207-8215.

[202] Ren X, Rinke P, Joas C, et al. Random-phase approximation and its applications in computational chemistry and materials science[J]. Journal of Materials Science, 2012, 47(21): 7447-7471.

[203] Gonze X. Adiabatic density-functional perturbation theory[J]. Physical Review A, Atomic, Molecular, and Optical Physics, 1995, 52(2): 1096-1114.

[204] Marini F, Walczak B, Particle swarm optimization (PSO). A tutorial[J]. Chemometrics and Intelligent Laboratory Systems, 2015, 149: 153-165.

[205] Wang H, Wang Y, Lv J, et al. CALYPSO structure prediction method and its wide application[J]. Computational Materials Science, 2016, 112: 406-415.

[206] Yang G, Shi S, Yang J, et al. Insight into the role of Li_2S_2 in Li—S batteries: a first-principles study[J]. Journal of Materials Chemistry A, 2015, 3(16): 8865-8869.

[207] Li D, Tian F, Lv Y, et al. Stability of sulfur nitrides: a first-principles study[J]. The Journal of Physical Chemistry C, 2017, 121(3): 1515-1520.

[208] Yin K, Wang Y, Liu H, et al. N_2H: a novel polymeric hydronitrogen as a high

energy density material[J]. Journal of Materials Chemistry A, 2015, 3(8): 4188-4194.

[209] Feng X, Lu S, Pickard C J, et al. Carbon network evolution from dimers to sheets in superconducting yttrium dicarbide under pressure[J]. Communications Chemistry, 2018, 1: 85.

[210] Peng F, Sun Y, Pickard C J, et al. Hydrogen clathrate structures in rare earth hydrides at high pressures: possible route to room-temperature superconductivity[J]. Physical Review Letters, 2017, 119(10): 107001.

[211] Brgoch J, Hermus M. Pressure-stabilized Ir^{3-} in a superconducting potassium iridide[J]. The Journal of Physical Chemistry C, 2016, 120(36): 20033-20039.

[212] Xu Q, Li Y, Zhang L, et al. Sn(II)-containing phosphates as optoelectronic materials[J]. Chemistry of Materials, 2017, 29(6): 2459-2465.

[213] Lv J, Xu M, Lin S, et al. Direct-gap semiconducting tri-layer silicene with 29% photovoltaic efficiency[J]. Nano Energy, 2018, 51: 489-495.

[214] Zhang C, Kuang X, Jin Y, et al. Prediction of stable ruthenium silicides from first-principles calculations: stoichiometries, crystal structures, and physical properties[J]. ACS Applied Materials & Interfaces, 2015, 7(48): 26776-26782.

[215] Li Y, Singh D J, Du M H, et al. Design of ternary alkaline-earth metal Sn(ii) oxides with potential good p-type conductivity[J]. Journal of Materials Chemistry C, 2016, 4(20): 4592-4599.

[216] Xie C, Ma M, Liu C, et al. Superhard three-dimensional B_3N_4 with two-dimensional metallicity[J]. Journal of Materials Chemistry C, 2017, 5(24): 5897-5901.

[217] Lu C, Li Q, Ma Y, et al. Extraordinary indentation strain stiffening produces superhard tungsten nitrides[J]. Physical Review Letters, 2017, 119(11): 115503.

[218] Zhang M, Liu H, Li Q, et al. Superhard BC_3 in cubic diamond structure[J]. Physical Review Letters, 2015, 114: 015502.

[219] Zhang J, Lv J, Li H, et al. Rare helium-bearing compound FeO_2He stabilized at deep-earth conditions[J]. Physical Review Letters, 2018, 121(25): 255703.

[220] Liu Z, Botana J, Hermann A, et al. Reactivity of He with ionic compounds

under high pressure[J]. Nature Communications, 2018, 9: 951.

[221] Zhou X, Lee W S Imada M, et al. High-temperature superconductivity[J]. Nature Reviews Physics, 2021, 3(7): 462-465.

[222] Bardeen J, Cooper L N, Schrieffer J R. Microscopic theory of superconductivity [J]. Physical Review, 1957, 106(1): 162-164.

[223] Bardeen J, Cooper L N, Schrieffer J R. Microscopic theory of superconductivity [J]. Physical Review, 1957, 106(1): 162-164.

[224] Giustino F. Electron-phonon interactions from first principles[J]. Reviews of Modern Physics, 2017, 89(1):015003.

[225] McMillan W L. Transition temperature of strong-coupled superconductors[J]. Physical Review, 1968, 167(2): 331-344.

[226] Allen P B. Neutron spectroscopy of superconductors[J]. Physical Review B, 1972, 6(7): 2577-2579.

[227] Allen P B, Dynes R C. Transition temperature of strong-coupled superconductors reanalyzed[J]. Physical Review B, 1975, 12(3): 905-922.

[228] Giaever I. Electron tunneling between two superconductors [J]. Physical Review Letters, 1960, 5(10): 464-466.

[229] Wannier G H. The structure of electronic excitation levels in insulating crystals [J]. Physical Review, 1937, 52(3): 191-197.

[230] Sohier T, Campi D, Marzari N, et al. Mobility of two-dimensional materials from first principles in an accurate and automated framework[J]. Physical Review Materials, 2018, 2(11): 114010.

[231] Tong Z, Pecchia A, Yam C, et al. Ultrahigh electron thermal conductivity in T-graphene, biphenylene, and net-graphene[J]. Advanced Energy Materials, 2022, 12(28): 2270118.

[232] Kresse G, Hafner J. Ab initio molecular dynamics for liquid metals[J]. Physical Review B, 1993, 47(1): 558-561.

[233] Giannozzi P, Baroni S, Bonini N, et al. QUANTUM ESPRESSO: a modular and open-source software project for quantum simulations of materials[J]. Journal of Physics Condensed Matter, 2009, 21(39): 395502.

[234] Pizzi G, Vitale V, Arita R, et al. Wannier90 as a community code: new features and applications[J]. Journal of Physics Condensed Matter, 2020, 32

(16): 165902.

[235] Noffsinger J, Giustino F, Malone B D, et al. EPW: a program for calculating the electron-phonon coupling using maximally localized Wannier functions[J]. Computer Physics Communications, 2010, 181(12): 2140-2148.

[236] Poncé S, Margine E R, Verdi C, et al. EPW: electron—phonon coupling, transport and superconducting properties using maximally localized Wannier functions[J]. Computer Physics Communications, 2016, 209: 116-133.

[237] Novoselov K S, Fal'ko V I, Colombo L, et al. A roadmap for graphene[J]. Nature, 2012, 490(7419): 192-200.

[238] Abergel D S L, Apalkov V, Berashevich J, et al. Properties of graphene: a theoretical perspective[J]. Advances in Physics, 2010, 59(4): 261-482.

[239] Bolotin K I, Sikes K J, Jiang Z, et al. Ultrahigh electron mobility in suspended graphene[J]. Solid State Communications, 2008, 146(9): 351-355.

[240] McChesney J L, Bostwick A, Ohta T, et al. Extended van Hove singularity and superconducting instability in doped graphene[J]. Physical Review Letters, 2010, 104(13): 136803.

[241] Profeta G, Calandra M, Mauri F. Phonon-mediated superconductivity in graphene by lithium deposition[J]. Nature Physics, 2012, 8(2): 131-134.

[242] Yang S L, Sobota J A, Howard C A, et al. Superconducting graphene sheets in CaC_6 enabled by phonon-mediated interband interactions[J]. Nature Communications, 2014, 5: 3493.

[243] Lu H Y, Yang Y, Hao L, et al. Phonon-mediated superconductivity in aluminum-deposited graphene AlC_8 [J]. Physical Review B, 2020, 101(21): 214514.

[244] Cea T, Walet N R, Guinea F. Electronic band structure and pinning of Fermi energy to Van Hove singularities in twisted bilayer graphene: a self-consistent approach[J]. Physical Review B, 2019, 100(20): 205113.

[245] Nandkishore R, Levitov L S, Chubukov A V. Chiral superconductivity from repulsive interactions in doped graphene[J]. Nature Physics, 2012, 8(2): 158-163.

[246] Kiesel M L, Platt C, Hanke W, et al. Competing many-body instabilities and unconventional superconductivity in graphene[J]. Physical Review B, 2012, 86

(2): 020507.

[247] Liu Y W, Qiao J B, Yan C, et al. Magnetism near half-filling of a Van Hove singularity in twisted graphene bilayer[J]. Physical Review B, 2019, 99(20): 201408.

[248] Yao H, Yang F. Topological odd-parity superconductivity at type-II two-dimensional van Hove singularities[J]. Physical Review B, 2015, 92(3): 035132.

[249] Kang M, Fang S, Kim J K, et al. Twofold van hove singularity and origin of charge order in topological kagome superconductor CsV_3Sb_5[J]. Nature Physics, 2022, 18(3): 301-308.

[250] Lim L-K, Fuchs J-N, Piéchon F, et al. Dirac points emerging from flat bands in Lieb-kagome lattices[J]. Physical Review B, 2020, 101(4): 045131.

[251] Oriekhov D O, Gusynin V P, Loktev V M. Orbital susceptibility of T-graphene: interplay of high-order van hove singularities and Dirac cones[J]. Physical Review B, 2021, 103(19): 195104.

[252] Guerci D, Simon P, Mora C. Higher-order Van Hove singularity in magic-angle twisted trilayer graphene[J]. Physical Review Research, 2022, 4(1): L012013.

[253] Iglovikov V I, Hébert F. Grémaud B, et al. Superconducting transitions in flat-band systems[J]. Physical Review B, 2014, 90(9): 094506.

[254] Yamazaki K, Ochi M, Ogura D, et al. Superconducting mechanism for the cuprate $Ba_2CuO_{3+\delta}$ based on a multiorbital Lieb lattice model[J]. Physical Review Research, 2020, 2(3): 033356.

[255] Jiang W, Zhang S Wang Z, et al. Topological band engineering of lieb lattice in phthalocyanine-based metal-organic frameworks[J]. Nano Letters, 2020, 20(3): 1959-1966.

[256] Mitsuhashi R, Suzuki Y, Yamanari Y, et al. Superconductivity in alkali-metal-doped picene[J]. Nature, 2010, 464(7285): 76-79.

[257] Wang X F, Liu R H, Gui Z, et al. Superconductivity at 5 K in alkali-metal-doped phenanthrene[J]. Nature Communications, 2011, 2: 507.

[258] Kubozono Y, Mitamura H, Lee X, et al. Metal-intercalated aromatic hydrocarbons: a new class of carbon-based superconductors[J]. Physical Chemistry Chemical Physics, 2011, 13(37): 16476-16493.

[259] Xue M, Cao T, Wang D, et al. Superconductivity above 30 K in alkali-metal-doped hydrocarbon[J]. Scientific Reports, 2012, 2: 389.

[260] Lu S, Liu H, Naumov I I, et al. Superconductivity in dense carbon-based materials[J]. Physical Review B, 2016, 93(10): 04509.

[261] Chen X, Yao Y, Yao H, et al. Topological $p+ip$ superconductivity in doped graphene-like single-sheet materials BC_3[J]. Physical Review B, 2015, 92(17): 174503.

[262] Niu C, Buhl P M, Bihlmayer G, et al. Topological crystalline insulator and quantum anomalous Hall states in IV-VI-based monolayers and their quantum wells[J]. Physical Review B, 2015, 91(20): 201401.

[263] Ma Y, Kou L, Dai Y, et al. Proposed two-dimensional topological insulator in SiTe[J]. Physical Review B, 2016, 94(20): 201104.

[264] Wrasse E O, Schmidt T M. Prediction of two-dimensional topological crystalline insulator in PbSe monolayer[J]. Nano Letters, 2014, 14(10): 5717-5720.

[265] Liu J, Hsieh T H, Wei P, et al. Spin-filtered edge states with an electrically tunable gap in a two-dimensional topological crystalline insulator[J]. Nature Materials, 2014, 13(2): 178-183.

[266] Wang Y, Lv J, Zhu L, et al. Crystal structure prediction via particle-swarm optimization[J]. Physical Review B, 2010, 82(9): 094116.

[267] Wang Y, Lv J, Zhu L, et al. CALYPSO: a method for crystal structure prediction[J]. Computer Physics Communications, 2012, 183(10): 2063-2070.

[268] Kresse G, Furthmuier J. Efficient iterative schemes for *ab initio* total-energy calculations using a plane-wave basis set[J]. Physical Review B, 1996, 54(16): 11169-11186.

[269] Perdew J P, Burke K, Ernzerhof M. Generalized gradient approximation made simple[J]. Physical Review Letters, 1996, 77(18): 3865-3868.

[270] Blochl P E. Projector augmented-wave method[J]. Physical Review B, 1994, 50(24): 17953-17979.

[271] Monkhorst H J, Pack J D. Special points for Brillouin-zone integrations[J]. Physical Review B, 1976, 13(12): 5188-5192.

[272] Giannozzi P, Andreussi O, Brumme T, et al. Advanced capabilities for materials modelling with Quantum ESPRESSO[J]. Journal of Physics

Condensed Matter, 2017, 29(46): 465901.

[273] Baroni S, de Gironcoli S, Dal Corso A, et al. Phonons and related crystal properties from density-functional perturbation theory[J]. Reviews of Modern Physics, 2001, 73(2): 515-562.

[274] Lejaeghere K, Bihlmayer G, Bjorkman T, et al. Reproducibility in density functional theory calculations of solids[J]. Science, 2016, 351(6280): aad3000.

[275] Li S, Shi M, Yu J, et al. Two-dimensional blue-phase CX (X = S, Se) monolayers with high carrier mobility and tunable photocatalytic water splitting capability[J]. Chinese Chemical Letters, 2021, 32(6): 1977-1982.

[276] Springer M A, Brumme T, Kuc A, et al. Electronic structures of two-dimensional PC_6-type materials[J/OL]. (2021-09-30). https://arxiv.org/abs/2109.14899.

[277] Zhang Q, Zhang F. First-principles study of two-dimensional puckered and buckled honeycomb-like carbon sulfur systems[J]. Journal of Computational Electronics, 2021, 20(2): 759-774.

[278] Guan J, Zhu Z, Tomanek D. Phase coexistence and metal-insulator transition in few-layer phosphorene: a computational study[J]. Physical Review Letters, 2014, 113(4): 046804.

[279] Ataca C, Topsakal M, Aktuürk E, et al. A comparative study of lattice dynamics of three- and two-dimensional MoS_2[J]. Journal of Physical Chemistry C, 2011, 115(33): 16354-16361.

[280] Mortazavi B, Shahrokhi M, Raeisi M, et al. Outstanding strength, optical characteristics and thermal conductivity of graphene-like BC_3 and BC_6N semiconductors[J]. Carbon, 2019, 149: 733-742.

[281] Tang M, Wang B, Lou H, et al. Anisotropic and high-mobility C_3S monolayer as a photocatalyst for water splitting[J]. Journal of Physical Chemistry Letters, 2021, 12(34): 8320-8327.

[282] Kauppila V J, Aikebaier F, Heikkila T T. Flat-band superconductivity in strained Dirac materials[J]. Physical Review B, 2016, 93(21): 214505.

[283] Nunes L H C M, Smith C M. Flat-band superconductivity for tight-binding electrons on a square-octagon lattice[J]. Physical Review B, 2020, 101(22): 224514.

[284] Kerelsky A, McGilly L J, Kennes D M, et al. Maximized electron interactions at the magic angle in twisted bilayer graphene[J]. Nature, 2019, 572(7767): 95-100.

[285] Margine E R, Giustino F. Two-gap superconductivity in heavily n-doped graphene: *ab initio* Migdal-Eliashberg theory[J]. Physical Review B, 2014, 90: 014518.

[286] Jin X T, Yan X W, Gao M. First-principles calculations of monolayer hexagonal boron nitride: possibility of superconductivity[J]. Physical Review B, 2020, 101(13): 134518.

[287] Thingstad E, Kamra A, Wells J W, et al. Phonon-mediated superconductivity in doped monolayer materials[J]. Physical Review B, 2020, 101(21): 214513.

[288] Leroux M, Errea I, Le Tacon M, et al. Strong anharmonicity induces quantum melting of charge density wave in $2H-NbSe_2$ under pressure[J]. Physical Review B, 2015, 92(14): 140303(R).

[289] Chen P J, Chang T R, Jeng H T. *Ab initio* study of the $PbTaSe_2$-related superconducting topological metals [J]. Physical Review B, 2016, 94(16): 165148.

[290] Zhang X, Zhou Y, Cui B, et al. Theoretical discovery of a superconducting two-dimensional metal-organic framework[J]. Nano Letters, 2017, 17(10): 6166-6170.

[291] Yan L, Bo T, Zhang W, et al. Novel structures of two-dimensional tungsten boride and their superconductivity[J]. Physical Chemistry Chemical Physics, 2019, 21(28): 15327-15338.

[292] Wang Q H, Kalantar-Zadeh K, Kis A, et al. Electronics and optoelectronics of two-dimensional transition metal dichalcogenides[J]. Nature Nanotechnology, 2012, 7(11): 699-712.

[293] Chhetri M, Maitra S, Chakraborty H, et al. Superior performance of borocarbonitrides, $B_xC_yN_z$, as stable, low-cost metal-free electrocatalysts for the hydrogen evolution reaction[J]. Energy & Environmental Science, 2016, 9(1): 95-101.

[294] Bafekry A, Shahrokhi M, Shafique A, et al. Two-dimensional carbon nitride C_6N nanosheet with egg-comb-like structure and electronic properties of a semimetal

[J]. Nanotechnology, 2021, 32(21): 215702.

[295] Ayadi T, Debbichi L, Said M, et al. An ab initio study of the electronic structure of indium and gallium chalcogenide bilayers [J]. The Journal of Chemical Physics, 2017, 147(11): 114701.

[296] Almayyali A O M, Kadhim B B, Jappor H R. Stacking impact on the optical and electronic properties of two-dimensional $MoSe_2/PtS_2$ heterostructures formed by PtS_2 and $MoSe_2$ monolayers [J]. Chemical Physics, 2020, 532: 110679.

[297] Bafekry A, Abdolhosseini Sarsari I, Faraji M, et al. Electronic and magnetic properties of two-dimensional of FeX (X=S, Se, Te) monolayers crystallize in the orthorhombic structures [J]. Applied Physics Letters, 2021, 118(14): 143102.

[298] Naseri M, Bafekry A, Faraji M, et al. Two-dimensional buckled tetragonal cadmium chalcogenides including CdS, CdSe, and CdTe monolayers as photocatalysts for water splitting[J]. Physical Chemistry Chemical Physics, 2021, 23(21): 12226-12232.

[299] Faraji M, Bafekry A, Gogova D, et al. Novel two-dimensional ZnO_2, CdO_2 and HgO_2 monolayers: a first-principles-based prediction [J]. New Journal of Chemistry, 2021, 45(21): 9368-9374.

[300] Vo D D, Vu T V, Al-Qaisi S, et al. Janus monolayer PtSSe under external electric field and strain: A first principles study on electronic structure and optical properties[J]. Superlattices and Microstructures, 2020, 147: 106683.

[301] Chen W, Qu Y, Yao L, et al. Electronic, magnetic, catalytic, and electrochemical properties of two-dimensional Janus transition metal chalcogenides[J]. Journal of Materials Chemistry A, 2018, 6(17): 8021-8029.

[302] Wu C Y, Sun L, Han J C, et al. Band structure, phonon spectrum, and thermoelectric properties of β-BiAs and β-BiSb monolayers [J]. Journal of Materials Chemistry C, 2020, 8(2): 581-590.

[303] Chaurasiya R, Dixit A. Ultrahigh sensitivity with excellent recovery time for NH_3 and NO_2 in pristine and defect mediated Janus WSSe monolayers[J]. Physical Chemistry Chemical Physics, 2020, 22(25): 13903-13922.

[304] Mishra P, Singh D, Sonvane Y, et al. Two-dimensional boron monochalcogenide

monolayer for thermoelectric material[J]. Sustainable Energy & Fuels, 2020, 4(5): 2363-2369.

[305] Zhang X, Hu J, Cheng Y, et al. Borophene as an extremely high capacity electrode material for Li-ion and Na-ion batteries[J]. Nanoscale, 2016, 8(33): 15340-15347.

[306] Alhameedi K, Karton A, Jayatilaka D, et al. Metal functionalized inorganic nano-sheets as promising materials for clean energy storage[J]. Applied Surface Science, 2019, 471: 887-892.

[307] Lei W, Portehault D, Liu D, et al. Porous boron nitride nanosheets for effective water cleaning[J]. Nature Communications, 2013, 4: 1777.

[308] Shukla V, Wärnå J, Jena N K, et al. Toward the realization of 2D borophene based gas sensor[J]. The Journal of Physical Chemistry C, 2017, 121(48): 26869-26876.

[309] Peng B, Zhang H, Shao H, et al. The electronic, optical, and thermodynamic properties of borophene from first-principles calculations[J]. Journal of Materials Chemistry C, 2016, 4(16): 3592-3598.

[310] Mishra P, Singh D, Sonvane Y, et al. Excitonic effects in the optoelectronic properties of graphene-like BC monolayer[J]. Optical Materials, 2020, 110: 110476.

[311] Cao Y, Yu H, Tan J, et al. Nitrogen-, phosphorous- and boron-doped carbon nanotubes as catalysts for the aerobic oxidation of cyclohexane[J]. Carbon, 2013, 57: 433-442.

[312] Zhang X, Wang D, Qiu X, et al. Stable high-capacity and high-rate silicon-based lithium battery anodes upon two-dimensional covalent encapsulation[J]. Nature Communications, 2020, 11(1): 3826.

[313] Jiang M, Xu J, Munroe P, et al. Lithium-decorated SiB monolayer for reversible hydrogen storage: High-capacity realization through strain engineering[J]. Applied Surface Science, 2023, 618: 156707.

[314] Wei Q, Yang Y, Yang G, et al. New stable two dimensional silicon carbide nanosheets[J]. Journal of Alloys and Compounds, 2021, 868: 159201.

[315] Chakraborty H, Mogurampelly S, Yadav V K, et al. Phonons and thermal conducting properties of borocarbonitride (BCN) nanosheets[J]. Nanoscale,

2018, 10(47): 22148-22154.

[316] kumar N, Moses K, Pramoda K, et al. Borocarbonitrides, $B_xC_yN_z$[J]. Journal of Materials Chemistry A, 2013, 1(19): 5806.

[317] Wang C, Yu T, Bergara A, et al. Anisotropic PC_6N monolayer with wide band gap and ultrahigh carrier mobility[J]. The Journal of Physical Chemistry C, 2020, 124(7): 4330-4337.

[318] Sreedhara M B, Gopalakrishnan K, Bharath B, et al. Properties of nanosheets of 2D-borocarbonitrides related to energy devices, transistors and other areas [J]. Chemical Physics Letters, 2016, 657: 124-130.

[319] Rao C R, Gopalakrishnan K. Borocarbonitrides, B_x C_y N_z: synthesis, characterization, and properties with potential applications[J]. ACS Applied Materials & Interfaces, 2017, 9(23): 19478-19494.

[320] Manna A K, Pati S K. Tunable electronic and magnetic properties in $B_xN_yC_z$ Nanohybrids: effect of domain segregation[J]. The Journal of Physical Chemistry C, 2011, 115(21): 10842-10850.

[321] Saini H, Das S, Pathak B. BCN monolayer for high capacity Al-based dual-ion batteries[J]. Materials Advances, 2020, 1(7): 2418-2425.

[322] Kohn W, Sham L J. Self-consistent equations including exchange and correlation effects[J]. Physical Review, 1965, 140(4A): A1133-A1138.

[323] Paier J, Hirschl R, Marsman M, et al. The Perdew-Burke-Ernzerhof exchange-correlation functional applied to the G2-1 test set using a plane-wave basis set [J]. The Journal of Chemical Physics, 2005, 122(23): 234102.

[324] Togo A, Oba F, Tanaka I. First-principles calculations of the ferroelastic transition between rutile-type and $CaCl_2$-type SiO_2 at high pressures [J]. Physical Review B, 2008, 78(13): 134106.

[325] Martyna G J, Klein M L, Tuckerman M. Nosé—Hoover chains: the canonical ensemble via continuous dynamics[J]. Journal of Chemical Physics, 1992, 97 (4): 2635-2643.

[326] Li W, Carrete J, Katcho N A, et al. ShengBTE: a solver of the Boltzmann transport equation for phonons[J]. Computer Physics Communications, 2014, 185(6): 1747-1758.

[327] Noffsinger J, Giustino F, Malone B D, et al. EPW: a program for calculating

the electron—phonon coupling using maximally localized Wannier functions[J]. Computer Physics Communications, 2010, 181(12): 2140-2148.

[328] Lin Q, Li L, Liang S, et al. Efficient synthesis of monolayer carbon nitride 2D nanosheet with tunable concentration and enhanced visible-light photocatalytic activities[J]. Applied Catalysis B: Environmental, 2015, 163: 135-142.

[329] Mannix A J, Zhang Z, Guisinger N P, et al. Borophene as a prototype for synthetic 2D materials development[J]. Nature Nanotechnology, 2018, 13(6): 444-450.

[330] Yuhara J, Fujii Y, Nishino K, et al. Large area planar stanene epitaxially grown on Ag(1 1 1)[J]. 2D Materials, 2018, 5(2): 025002.

[331] Shin H, Kang S, Koo J, et al. Cohesion energetics of carbon allotropes: quantum monte carlo study[J]. The Journal of Chemical Physics, 2014, 140(11): 114702.

[332] Sun M, Luo Y, Yan Y, et al. Ultrahigh carrier mobility in the two-dimensional semiconductors B_8Si_4, B_8Ge_4, and B_8Sn_4[J]. Chemistry of Materials, 2021, 33(16): 6475-6483.

[333] Zhang S, Zhou J, Wang Q, et al. Beyond graphitic carbon nitride: nitrogen-rich penta-CN_2 sheet[J]. The Journal of Physical Chemistry C, 2016, 120(7): 3993-3998.

[334] Wang G X, Pandey R, Karna S P. Carbon phosphide monolayers with superior carrier mobility[J]. Nanoscale, 2016, 8(16): 8819-8825.

[335] Mouhat F, Coudert F X. Necessary and sufficient elastic stability conditions in various crystal systems[J]. Physical Review B, 2014, 90(22): 224104.

[336] Mortazavi B, Rahaman O, Makaremi M, et al. First-principles investigation of mechanical properties of silicene, germanene and stanene[J]. Physica E: Low-dimensional Systems and Nanostructures, 2017, 87: 228-232.

[337] Zhang Z, Yang Y, Penev E S, et al. Elasticity, flexibility, and ideal strength of borophenes[J]. Advanced Functional Materials, 2017, 27(9): 1605059.

[338] Prasher R. Graphene spreads the heat[J]. Science, 2010, 328(5975): 185-186.

[339] Jindal A, Saha A, Li Z, et al. Coupled ferroelectricity and superconductivity in bilayer T_d-$MoTe_2$[J]. Nature, 2023, 613(7942): 48-52.

[340] Liu H-D, Li Y P, Yang L, et al. Theoretical prediction of superconductivity in

monolayer B_3N[J]. Physical Review B, 2022, 105(22): 224501.

[341] Ma J, Yang R, Chen H. A large modulation of electron-phonon coupling and an emergent superconducting dome in doped strong ferroelectrics[J]. Nature Communications, 2021, 12(1): 2314.

[342] Dagotto E. Correlated electrons in high-temperature superconductors[J]. Reviews of Modern Physics, 1994, 66(3): 763-840.

[343] Dai P. Antiferromagnetic order and spin dynamics in iron-based superconductors [J]. Reviews of Modern Physics, 2015, 87(3): 855-896.

[344] Giustino F. Electron-phonon interactions from first principles[J]. Reviews of Modern Physics, 2017, 89(1): 015003.

[345] Liu A Y, Mazin I I, Kortus J. Beyond Eliashberg superconductivity in MgB_2: anharmonicity, two-phonon scattering, and multiple gaps[J]. Physical Review Letters, 2001, 87(8): 087005.

[346] Floris A, Profeta G, Lathiotakis N N, et al. Superconducting properties of MgB_2 from first principles[J]. Physical Review Letters, 2005, 94(3): 037004.

[347] Margine E R, Giustino F. Anisotropic Migdal-Eliashberg theory using Wannier functions[J]. Physical Review B, 2013, 87(2): 024505.

[348] Liu H, Naumov I, Hoffmann R, et al. Potential high-T_c superconducting lanthanum and yttrium hydrides at high pressure[J]. Proc Natl Acad Sci USA, 2017, 114(27): 6990-6995.

[349] Bhaumik A, Sachan R, Narayan J. High-temperature superconductivity in boron-doped Q-carbon[J]. ACS Nano, 2017, 11(6): 5351-5357.

[350] Penev E S, Kutana A, Yakobson B I. Can two-dimensional boron superconduct?[J]. Nano Letters, 2016, 16(4): 2522-2526.

[351] Si C, Liu Z, Duan W, et al. First-principles calculations on the effect of doping and biaxial tensile strain on electron-phonon coupling in graphene[J]. Physical Review Letters, 2013, 111(19): 196802.

[352] Wang B T, Liu P F, Bo T, et al. Superconductivity in two-dimensional phosphorus carbide (β_0-PC)[J]. Physical Chemistry Chemical Physics, 2018, 20 (18): 12362-12367.

[353] Liao J H, Zhao Y C, Zhao Y J, et al. Phonon-mediated superconductivity in Mg intercalated bilayer borophenes[J]. Physical Chemistry Chemical Physics, 2017,

19(43): 29237-29243.

[354] Yan L, Bo T, Zhang W, et al. Novel structures of two-dimensional tungsten boride and their superconductivity[J]. Physical Chemistry Chemical Physics, 2019, 21(28): 15327-15338.

[355] Song B, Zhou Y, Yang H M, et al. Two-dimensional anti-van't Hoff/le bel array AlB_6 with high stability, unique motif, triple Dirac cones, and superconductivity[J]. Journal of the American Chemical Society, 2019, 141(8): 3630-3640.

[356] Wang B T, Liu P F, Zheng J J, et al. First-principles study of superconductivity in the two- and three-dimensional forms of $PbTiSe_2$: suppressed charge density wave in $1T-TiSe_2$[J]. Physical Review B, 2018, 98(1): 014514.

[357] Weber F, Rosenkranz S, Castellan J P, et al. Extended phonon collapse and the origin of the charge-density wave in $2H-NbSe_2$[J]. Physical Review Letters, 2011, 107(10): 107403.

[358] Bekaert J, Petrov M, Aperis A, et al. Hydrogen-induced high-temperature superconductivity in two-dimensional materials: the example of hydrogenated monolayer MgB_2[J]. Physical Review Letters, 2019, 123(7): 077001.

[359] Cheng C, Sun J T, Liu M, et al. Tunable electron-phonon coupling superconductivity in platinum diselenide[J]. Physical Review Materials, 2017, 1(7): 074804.

[360] Zhang J J, Dong S. Superconductivity of monolayer Mo_2C: the key role of functional groups[J]. The Journal of Chemical Physics, 2017, 146(3): 034705.

[361] Uchihashi T. Two-dimensional superconductors with atomic-scale thickness[J]. Superconductor Science Technology, 2017, 30(1): 013002.

[362] Brun C, Cren T, Roditchev D. Review of 2D superconductivity: the ultimate case of epitaxial monolayers[J]. Superconductor Science Technology, 2017, 30(1): 013003.

[363] Xu C, Wang L, Liu Z, et al. Large-area high-quality 2D ultrathin Mo_2C superconducting crystals[J]. Nature Materials, 2015, 14(11): 1135-1141.

[364] Ludbrook B M, Levy G, Nigge P, et al. Evidence for superconductivity in Li-decorated monolayer graphene[J]. Proceedings of the National Academy of

Sciences of the United States of America, 2015, 112(38): 11795-11799.

[365] Xi X, Wang Z, Zhao W, et al. Ising pairing in superconducting NbSe$_2$ atomic layers[J]. Nature Physics, 2015, 12(2): 139-143.

[366] Liao M, Zang Y, Guan Z, et al. Superconductivity in few-layer stanene[J]. Nature Physics, 2018, 14(4): 344-348.

[367] Zhang J J, Gao B, Dong S. Strain-enhanced superconductivity of MoX$_2$ (X=S or Se) bilayers with Na intercalation[J]. Physical Review B, 2016, 93(15): 155430.

[368] Zhang J J, Zhang Y, Dong S. Protective layer enhanced the stability and superconductivity of tailored antimonene bilayer[J]. Physical Review Materials, 2018, 2(12): 126004.

[369] Zhu L, Li Q Y, Lv Y Y, et al. Superconductivity in potassium-intercalated T_d-WTe$_2$[J]. Nano Letters, 2018, 18(10): 6585-6590.

[370] Zhao Y, Lian C, Zeng S, et al. Two-gap and three-gap superconductivity in AlB2-based films[J]. Physical Review B, 2019, 100(9): 094516.

[371] Zhao Y C, Lian C, Zeng S M, et al. MgB$_4$ trilayer film: A four-gap superconductor[J]. Physical Review B, 2020, 101(10): 104507.

[372] Bo T, Liu P F, Yan L, et al. Electron-phonon coupling superconductivity in two-dimensional orthorhombic MB$_6$ (M=Mg, Ca, Ti, Y) and hexagonal MB$_6$ (M=Mg, Ca, Sc, Ti)[J]. Physical Review Materials, 2020, 4(11).

[373] Gao M, Lu Z Y, Xiang T. Prediction of phonon-mediated high-temperature superconductivity in Li$_3$B$_4$C$_2$[J]. Physical Review B, 2015, 91(4): 045132.

[374] Modak P, Verma A K, Mishra A K. Prediction of superconductivity at 70 K in a pristine monolayer of LiBC[J]. Physical Review B, 2021, 104(5): 054504.

[375] Singh S, Romero A H, Mella J D, et al. High-temperature phonon-mediated superconductivity in monolayer Mg$_2$B$_4$C$_2$[J]. NPJ Quantum Materials, 2022, 7: 37.

[376] Liu L L, Liu X H, Song P, et al. Surface superconductivity with high transition temperatures in layered Ca$_n$B$_{n+1}$C$_{n+1}$ films[J]. Nano Letters, 2023, 23(5): 1924-1929.